生体情報とエントロピー
生体情報伝達機構の論理の解明をめざして

鈴木英雄・伊藤悦朗 共著

培風館

本書の無断複写は，著作権法上での例外を除き，禁じられています。
本書を複写される場合は，その都度当社の許諾を得てください。

まえがき

　生物の営みを物質・エネルギーの面から巨視的に眺めると，その著しい特徴は，生物がエントロピー増大の法則に逆らって，常にほぼ一定のエントロピー状態を保っていることである．生命の起源以来，生物はこの矛盾を次の二つの方法で克服して，その命をまもり続けてきた．一つは高い効率のエネルギー獲得機構を開発することであり，もう一つは個体の発生・消滅をくり返すことである．この命の綱渡りを，生物界全体について歴史的に眺めれば，それは進化論である．一方，この綱渡りを個体のレベルで論ずれば，それは発生・分化の研究である．今から百数十年ほど前に，ドイツの動物学者ヘッケルは，これら二つの見方について，「個体発生は系統発生（進化の道筋）のくり返しである」，という「生物発生原則」を提唱した．これまでの研究によれば，このヘッケルの反復説は，いろいろの生物にかなりよく当てはまる．つまり，生物進化論と発生生物学は同一のカテゴリーに属する学問であり，従ってこれまで言われてきたように，発生・分化の機構を物質・エネルギーの面から解明することは，生物学の究極の目的と言えるのである．

　現在，地表に到達する太陽輻射のうち，その約 0.1 ％（人類のエネルギー消費量の約 30 倍）が，光合成によって生体エネルギーに変換されている．その効率は非常に高く，47 ％にも達すると言われている．光合成の次の段階は，従属栄養細胞における呼吸（炭水化物などの酸化）であるが，いまそのエネルギー解放率に注目してみると，呼吸の機構はその値が 100 ％になるように進化してきたと言える．ところで，熱力学で扱われる不可逆過程では，もし適当な方法でエネルギーが供給されれば，その変化の方向が逆転しうる．しかるに生物は，上記のような太陽輻射という膨大なエネルギー源と，非常に高い効率のエネルギー獲得機構を有するにもかかわらず，自己のコピーを残して老化し，やがて消滅してゆく．つまり，個体の誕生からその死へいたる道程は，いくらエネルギーが供給されてもその進行方向が逆転しないような状態変化であり，従って「絶対的不可逆過程」とでも呼ばれるべきものである．

　さて，このような観点から，基礎生物科学（基礎生物学・生命化学・生命物

理学からなる）の各研究対象を眺めてみると，それはそれぞれ「絶対的不可逆性」・「不可逆性」・「可逆性」を示すような，全く異質の三つの物質的階層にまたがっている．言うまでもなく，可逆性または不可逆性を示す階層については，それを支配する力学法則または熱力学法則，およびこれら二つの階層を結びつける統計熱力学が，すでに確立されているので，我々は可逆性の階層の実体的構造に基づいて，不可逆性の階層における諸現象を解析することができる．これに対して，既存の物理学には，絶対的不可逆性の階層およびそれと不可逆性の階層との関連性を語る言葉・文法（すなわち論理）が，まったく欠けている．従って，これら二種類の論理を把握することが，今後の生命物理学の究極の目標と考えられるが，なにぶん生命現象は多岐にわたるので，それらを統一的に説明しうる前者の論理を把握するためには，後者の論理に対する新理論の提起およびその改革を，たえず繰り返さなければならないであろう．

　本書の目的は，生体系における一方向性の物質転換・エネルギー変換・情報伝達に注目して，それと密接に関連している「情報入手に伴うエントロピー発生」および「シュレーディンガーの時計仕掛け仮説」に焦点をあわせ，まずこの「時計仕掛け」仮説を熱力学的に検討して，生体系の絶対的不可逆性に対する新しい「エントロピー伝達の理論」を提起することである．この目的のために，本書は七つの章と二つの付録から構成されている．まず第1章では，シュレーディンガーの著書『生命とは何か』の中で説かれた「負エントロピー」概念と「時計仕掛け」仮説が，たがいに密接に関連していることや，生体系における一方向性の情報伝達などを論ずる際には，この仮説が不可欠であることなど，を指摘する．次に第2章では，「情報」を定量的に把握するための理論的視点を明確にし，既存の情報理論における「情報量」の定義，および熱力学的体系における情報量とエントロピーとの密接な関係について，それらの要点を述べる．さらに第3章では，この情報量の定義がどのような仮定に基づいているかを明らかにし，かつ種々の情報量（たとえば「条件つき情報量」）について，それらの基本的諸性質を説明する．

　第4章では，「情報入手に伴うエントロピー発生」に注目して，シラードの熱力学的理論，ブリルアンの量子統計力学的理論，および著者らの一般的現象論を紹介し，かつ光受容に伴う視物質系でのエントロピー発生について，著者らの分子論を解説する．第5章では，上記の「時計仕掛け」仮説を熱力学的に検討し，シュレーディンガー不等式（上記の負エントロピーに対する条件式）が，生体系での物質・エネルギー・エントロピーの一方向性移動に対する基本方程

式であることや，負エントロピー状態にある「歯車」(「時計仕掛け」) 機構の構成要素) が，不可逆サイクルをなすことなど，を証明する．第6章では，この「時計仕掛け」理論に基づいて，生体内の精巧な計時機構に対するこれまでの研究成果や，著者らのモデルなどを概観してみる．最後に第7章では，「情報入手に伴うエントロピー発生」および「時計仕掛け」機構と深いかかわりをもつ生体系の絶対的不可逆性に対して，新しい「エントロピー伝達の理論」を提起し，「生体情報力学」の建設に対する著者の見解を述べる．

なお，熱力学・統計熱力学に関する基礎知識は，それらの説明に数多くの数式が必要であるので，二つの付録にまとめられている．これらの付録は本文の約1/4ほどの紙面を占めており，付録としては少し長すぎるが，あえてこうしたのは，読者がほかの参考書に頼らずに本文を理解できるように，配慮したからである．しかし，もし読者の中に数式を苦手とする方がおられるならば，本文・付録における数式の導出・変形に心を悩まさず，どうか気楽にそれらの内容を読みとって頂きたい．なぜならば，数式は物事を定量的に表現するときに必要な言葉の一種であり，必ずしも物事の本質そのものではないからである．また，目次についても，それを見れば本書の筋書・概要がわかるように，その諸項目を詳しく書き記している．最後に，本書の出版にあたっていろいろとご尽力を頂いた培風館の村山高志 氏に，この場所をかりて厚くお礼を申し上げたい．

2000年4月

鈴木英雄
伊藤悦朗

目　　次

1. 序　章 ── 生命とは何か
1-1. はじめに ………………………………………………………………… 1
　　［1-1-A］　基礎生物科学はその本質論的段階にさしかかっている
　　［1-1-B］　本質論とは一体いかなるものか
　　［1-1-C］　状態変化の可逆性・不可逆性・絶対的不可逆性
1-2. シュレーディンガーの提言 ……………………………………………… 4
　　［1-2-A］　分子生物学の建設に対する三本の基本路線
　　［1-2-B］　遺伝子の実体と遺伝の仕組み
　　［1-2-C］　「負エントロピー」の概念
　　［1-2-D］　「負エントロピー」概念と「時計仕掛け」仮説との関連性
1-3. 今後の基礎生物科学の課題 ……………………………………………… 8
　　［1-3-A］　基礎生物学の課題
　　［1-3-B］　生命化学の課題
　　［1-3-C］　生命物理学の課題
　　［参考文献］

2. 情報とは何か ── 情報とエントロピーとの関係
2-1. 現代社会と情報 …………………………………………………………… 11
　　［2-1-A］　高度情報化社会の出現
　　［2-1-B］　現代生物学と情報
　　［2-1-C］　環境問題と情報
2-2. 情報の定量化 ……………………………………………………………… 12
　　［2-2-A］　情報の本質
　　［2-2-B］　情報量の定義
　　［2-2-C］　情報量の単位
2-3. 情報入手に伴うエントロピー発生 ……………………………………… 14
　　［2-3-A］　ボルツマンの原理と情報量
　　［2-3-B］　マクスウェルのデモン
　　［2-3-C］　シラードのモデル
　　［2-3-D］　情報入手の過程でおこるエントロピー発生
　　［2-3-E］　ブリルアンの不等式
　　［参考文献］

3. 情報量の性質

- 3-1. シャノンによる情報量の定義 …………………………………… 20
  - [3-1-A] 一つの例
  - [3-1-B] 情報量に対する根本的仮定
- 3-2. 情報量の数学的性質 …………………………………………… 22
  - [3-2-A] 情報量がとりうる値の範囲
  - [3-2-B] 情報量はその伝達経路によらない
  - [3-2-C] 情報量に関する重要な不等式
- 3-3. シャノンの基本不等式 ………………………………………… 24
  - [3-3-A] 結合事象と結合確率
  - [3-3-B] 結合確率に関する情報量
  - [3-3-C] 条件つき確率
  - [3-3-D] 条件つき情報量
- 3-4. 相互情報量 …………………………………………………… 27
  - [3-4-A] 相互情報量とは何か
  - [3-4-B] 連続的な事象の相互情報量
  - [3-4-C] 自己情報量を積分形で表わすことは不可能である
- 3-5. 情報理論の成立ち ……………………………………………… 30
  - [3-5-A] 通信理論としての成立ち
  - [3-5-B] 自動制御理論としての成立ち
  - [3-5-C] 統計力学としての成立ち
  - [参考文献]

4. 情報入手に伴うエントロピー発生の理論

- 4-1. シラードの熱力学的理論 ……………………………………… 34
  - [4-1-A] シラードの考え方
  - [4-1-B] 1分子あたりの平均的エントロピー変化
  - [4-1-C] 外界になされた1分子あたりの平均的仕事
  - [4-1-D] シラードの不等式
- 4-2. 熱輻射の量子統計力学的理論 ………………………………… 38
  - [4-2-A] 熱輻射とは何か
  - [4-2-B] 古典物理学は黒体と輻射との熱平衡を説明できない
  - [4-2-C] 熱輻射の量子統計力学的取扱い
  - [4-2-D] プランクの熱輻射式
  - [4-2-E] 熱輻射場のゆらぎ
- 4-3. ブリルアンの量子統計力学的理論 …………………………… 43
  - [4-3-A] ブリルアンの考え方
  - [4-3-B] 量子数 n に関する中位数の導入
  - [4-3-C] 低振動数の共振子による光子の測定
  - [4-3-D] 高振動数の共振子による光子の測定
- 4-4. 一般化されたカルノーの原理 ………………………………… 47
  - [4-4-A] 「負エントロピー」導入の経緯

目　次　　　　　　　　　　　　　　　　　　　　　　　　　　　　　　vii

　　　［4-4-B］　「負エントロピー」に対するシュレーディンガーの真意
　　　［4-4-C］　マクスウェルのデモンに対するブリルアンの考え方
　　　［4-4-D］　「負エントロピー」伝達と情報との関係
　4-5．情報入手に伴うエントロピー発生の一般的現象論 ………………………… 51
　　　［4-5-A］　情報に対する生命物理学の理論的視点
　　　［4-5-B］　情報入手とはエントロピーの流入・発生である
　　　［4-5-C］　結果の吟味
　4-6．光受容に伴う視物質系でのエントロピー発生 ……………………………… 55
　　　［4-6-A］　分子論的な定式化
　　　［4-6-B］　パラメトリゼーション
　　　［4-6-C］　N_2 の最小値，N, α, $N_2(t)$ および $S(t)$ の計算
　　　［4-6-D］　計算結果の吟味および結論
　　　［4-6-E］　入射光の最大エネルギー強度 $I_{\max}$
　　　［参考文献］

5．「時計仕掛け」仮説の熱力学的検討

　5-1．熱機関の論理 …………………………………………………………………… 69
　　　［5-1-A］　二つの物体を接触させるだけでは正の仕事が得られない
　　　［5-1-B］　なぜ作業物体にサイクリックな状態変化を行なわせるか
　　　［5-1-C］　カルノー・サイクルは4ストロークの等温サイクルである
　　　［5-1-D］　4ストロークの定積または定圧サイクル
　5-2．開放系の熱力学 ………………………………………………………………… 79
　　　［5-2-A］　化学ポテンシャルとギブズの自由エネルギー
　　　［5-2-B］　開放系に対する平衡条件
　　　［5-2-C］　開放系がなす最大仕事とエクセルギー
　　　［5-2-D］　エクセルギーの成立ち
　5-3．一方向性の物質転換・エネルギー変換・情報伝達とサイクリックな状態変化　86
　　　［5-3-A］　一方向性のエクセルギー変換と可逆サイクル
　　　［5-3-B］　一方向性の情報伝達と可逆サイクル
　　　［5-3-C］　物質・エネルギー・エントロピーの一方向性の流れと不可逆サイクル
　　　［5-3-D］　シュレーディンガー不等式の意義――「負エントロピーを食べる歯車」
　　　　　　　　は不可逆サイクルをなす
　　　［参考文献］

6．「時計仕掛け」仮説から見た生体内の計時機構

　6-1．周期的な生体の反応や行動 …………………………………………………… 96
　　　［6-1-A］　はじめに
　　　［6-1-B］　ほぼ1年周期の反応や行動
　　　［6-1-C］　ほぼ1ヶ月周期の生物活動
　　　［6-1-D］　ほぼ1日周期の生物活動
　6-2．概日リズムの特徴 ……………………………………………………………… 99
　　　［6-2-A］　概日リズムは一般的に三つの特徴をもつ

  [6-2-B] 概日時計は特異的な領域に局在している
  [6-2-C] 概日時計は細胞自律的である
  [6-2-D] 遺伝子発現は概日リズムのあらゆるレベルで関与している
 6-3．単細胞生物の概日時計に対するモデル ……………………………… 103
  [6-3-A] 接合活性および光受容体
  [6-3-B] Ca^{2+} セットポイント仮説と蛋白質リン酸化サイクル
  [6-3-C] 特定蛋白質の合成
 6-4．菌類・無脊椎動物の時計遺伝子 ……………………………………… 105
  [6-4-A] ショウジョウバエの時計遺伝子 (*period*)
  [6-4-B] ショウジョウバエの時計遺伝子 (*timeless*)
  [6-4-C] アカパンカビの時計遺伝子 (*frequency*)
 6-5．脊椎動物 (とくに哺乳類) の概日リズム …………………………… 109
  [6-5-A] SCN の概日リズムと松果体ホルモンの分泌リズムとはフィードバック制御を行なっている
  [6-5-B] 哺乳類の概日リズムへの遺伝学的アプローチ
  [6-5-C] 今後の生命物理・化学に必要な理論的視点
  [参考文献]

7．終　章 —— 生体情報力学の建設を目指して

 7-1．新しい生体情報理論の創出が必要である ……………………………… 113
  [7-1-A] 非平衡熱力学と「伝達量」としてのエントロピー
  [7-1-B] 情報理論でのエントロピーはもちろん「伝達量」である
  [7-1-C] 「伝達量」としてのエントロピーはベクトル量である
 7-2．エントロピーベクトル場の基本方程式 ……………………………… 117
  [7-2-A] シュレーディンガー不等式の論理の再定式化 —— エントロピーベクトルの発散に対する方程式
  [7-2-B] 任意のベクトル場に対するヘルムホルツの定理
  [7-2-C] エントロピーベクトルの回転に対する方程式
  [7-2-D] ま と め
 7-3．二つの不可逆サイクル系の境界面におけるエントロピー変化 …………… 120
  [7-3-A] 境界面をどのように考えるか
  [7-3-B] 境界条件の導出
  [7-3-C] 境界条件についての考察
 7-4．生体系の「絶対的不可逆性」について ……………………………… 123
  [7-4-A] 絶対的不可逆性という言葉の意義
  [7-4-B] 不可逆性の起源
  [7-4-C] 「絶対的不可逆性」の起源

付録A．熱力学とエントロピー

 A-1．熱と熱力学第一法則 ………………………………………………… 127
  [A-1-1] 温度と熱力学第0法則
  [A-1-2] 状態変数と状態方程式

目　次

　　　[A-1-3]　内部エネルギーと熱量
　　　[A-1-4]　熱力学第一法則（エネルギー保存の法則）
　A-2．理想気体の性質 ……………………………………………………… 131
　　　[A-2-1]　状態方程式
　　　[A-2-2]　ジュールの法則と熱容量
　　　[A-2-3]　断熱変化に対するポアッソンの関係式
　A-3．カルノー・サイクルと熱力学的温度目盛 ………………………… 133
　　　[A-3-1]　カルノー・サイクルとは何か
　　　[A-3-2]　カルノー・サイクルにおける仕事・熱量の出入り
　　　[A-3-3]　カルノー・サイクルの性質
　　　[A-3-4]　熱力学的温度目盛
　A-4．不可逆過程と熱力学第二法則 ……………………………………… 138
　　　[A-4-1]　熱から仕事への転化には強い制限がある
　　　[A-4-2]　熱学的状態変化の不可逆性
　　　[A-4-3]　クラウジウスとトムソンによる熱力学第二法則の表現
　　　[A-4-4]　熱機関の効率
　　　[A-4-5]　クラウジウスの不等式
　A-5．エントロピーの発見による熱力学の体系化 ……………………… 143
　　　[A-5-1]　エントロピーの発見
　　　[A-5-2]　理想気体のエントロピー
　　　[A-5-3]　エネルギー特性関数とマクスウェルの関係式
　　　[A-5-4]　熱力学的状態変化の進行方向

付録B．統計熱力学の論理

　B-1．混合のエントロピー ………………………………………………… 151
　　　[B-1-1]　理想気体の混合
　　　[B-1-2]　混合によるエントロピー変化
　B-2．ボルツマンの原理 …………………………………………………… 153
　　　[B-2-1]　エントロピーと微視的状態数との関係
　　　[B-2-2]　関数 $f(W)$ の決定
　　　[B-2-3]　一つの例
　　　[B-2-4]　ボルツマンの原理の成立ち
　B-3．カノニカル系の分配関数とエントロピー ………………………… 156
　　　[B-3-1]　ミクロカノニカル分布
　　　[B-3-2]　カノニカル分布
　　　[B-3-3]　分配関数と熱力学的諸関数との関係
　B-4．状態密度と状態和 …………………………………………………… 159
　　　[B-4-1]　状態密度の定式化
　　　[B-4-2]　古典的な状態和
　　　[B-4-3]　状態和の一例

あとがき ……………………………………………………… 163

索　引 ……………………………………………………… 165

1. 序　章 —— 生命とは何か

　　本章では，まず本質論とは一体いかなるものであるかを復習して，シュレーディンガーの著書『生命とは何か』の中で説かれた，分子生物学の建設に対する「三本の基本路線」の重要性・意義を，現代基礎生物科学（基礎生物学・生命化学・生命物理学からなる）の視点から概観する．そして，本質論的段階にさしかかっている基礎生物科学的研究の諸課題が，すべて「生体系におけるエントロピー法則」の解明に深くかかわっていることを指摘し，今後の生命物理学の使命が，それぞれ「不可逆性」・「絶対的不可逆性」を示す二つの物質的階層について，それらを結び付けている論理を探求し，「生体情報力学」とも言うべき学問体系を建設することであることを説明する．

1-1．はじめに

[1-1-A]　基礎生物科学はその本質論的段階にさしかかっている

　我々の回りには，実に多種多様の動物・植物が生存しており，それぞれ独自の生活を営んでいる．また，脳の発達に伴って交尾期を失った人間の社会では，男・女の在り方やかかわり方が，本来の雌・雄の役割や責任から逸脱しており，錯綜したもめ事をひき起こしている．「生命とは何か」の研究は，このような多種多様の生物の存在およびそれらの諸生活を，まず現象論的に考察するところから始まった．

　次に，このような「現象論的段階」の研究がある程度伸展したところで，生命活動・生命現象を物質・エネルギーの両側面から理解しようとする，「実体論的段階」の研究が登場してきた．すなわち，生体の各器官・各組織・各細胞に注目して，それらの機能と構造との関連性を追求する研究が開始されたのである．

そして現在，基礎生物科学（基礎生物学・生命化学・生命物理学からなる）は，その「本質論的段階」にさしかかっており，生体系における物質・エネルギーの動態がいかなる論理によって規定されているかを，積極的に解明しはじめている．

[1-1-B] 本質論とは一体いかなるものか

ところで，一般に本質論とはどのようなものであろうか？ その手掛りを得るために，まず旧約聖書を開いてみると，その創世紀の冒頭に，神はこの世の第一日目にまず天と地を創造し，次に「光あれ」と言われた，と記されている．旧約聖書の注釈書によると，この「天と地」は「物質の入れ物」を意味し，今日我々が「時間・空間」と呼んでいるものに相当しているらしい．事実，創世紀では，今日天および地と呼ばれているものが，それぞれ第二日目および第三日目に，そして太陽が第四日目に作られている．つまり，現代風に翻訳すれば，「宇宙には初めに光があった」と旧約聖書は説いているのである．この考え方は，現代の「火の玉」宇宙説と同じであり，自然科学の対象が時間・空間という「入れ物」の中にある物質の状態変化であること，またすべての物理量のディメンションが質量・長さ・時間の組合せで表わされることを，強く示唆するものであった．

自然科学に対するこのような考え方は，ドイツ古典哲学を集大成したヘーゲルによって，初めて哲学的に体系化された．すなわち，彼は 1816 年に大著『論理学』を書きあげて，「変化の論理」・「発現の論理」・「発展の論理」を体系化し，それらの基本法則が「対立物の統一の法則」であることを明らかにした．また，自然科学の目的・目標についても，それらに対する彼の見解を，次のような順序で説明した：すべての具体的な存在は，かならず質的・量的に規定されており，従って「定在」という概念で定義されるべきである；量的規定は，一つの質的規定に注目してその他の質的差異を捨象したときに初めて現れてくるものであり，従って質的規定の認識から量的規定の認識へと進むのが，自然科学の進展の順序である；自然科学の使命は，ある質的に規定された物質系の存在状態に着目して，その時間的・空間的変動の論理を把握することである．

このヘーゲルの自然哲学は，電気力学や熱力学の建設者たちに，多大の影響を与えた．例えば，19 世紀初頭までの電磁気学は，力学的自然観に支配されていて，静電気学・静磁気学の域を出なかった．しかし，1820 年には定常電流による磁気作用などが発見され，その後，電荷・電流の空間分布が時間的に変動することによる諸現象が探求されて，ついに 1862 年に一般的電磁場の法則が確

立され，その結果「場」という新しい物理的実体が荷電粒子系とは独立な存在として，荷電粒子間に分布していることが発見されたのである．一般に，物理学の各学問体系は，先人たちがその研究対象である物理的諸現象について，それらの時間的変動の論理を把握したときに確立されている．

そこで，まず生物の多様性を，時間軸上に並べて眺めてみると，それは化学進化・生命の誕生・生物進化を論ずることであり，事実生物学の現象論的段階では，系統樹・系統発生の研究が，その最も重要な課題であった．次に，生命現象を時間軸上に展開して考えてみると，それは発生・分化すなわち個体発生を研究することであり，さらにその後続の生長・発達・老化の研究を意味している．1866年，ダーウィンの進化論をいち早く受け入れていたヘッケルは，生物の系統的類縁を大胆に想定して系統樹を作成し，「個体発生は系統発生が短縮された形で急速にくり返されるものである」という，**生物発生原則**を提唱した．この原則は，生物進化論と発生生物学が同一のカテゴリーに属する学問であること，従ってこれまで言われてきたように，個体発生の研究が生物学の根本的課題であることを示している．

[1-1-C]　状態変化の可逆性・不可逆性・絶対的不可逆性

ある物理的体系の存在状態が時間とともに変化する場合，物理学ではその特徴が次のように整理される：その状態変化を規定する基本法則の形が，「時間反転（時間の符号を逆にすること）」に対して不変に保たれる場合には，その状態変化を「**可逆**」であると言い，そうでない場合には「**不可逆**」であると言う．この定義によると，古典力学的，古典電気力学的および量子力学的な状態変化はすべて可逆であり，熱力学的な状態変化だけが一般に不可逆である．

そこで熱力学では，可逆・不可逆という言葉の意味が，さらに次のように厳密に定義し直される：ある熱力学的な状態変化を，外部に何らの痕跡も残さずに元に戻すことができるとき，その変化を**可逆**であると言い，そうでないときには**不可逆**であると言う．そして，**エントロピー増大の法則**（すなわち熱力学第二法則）を，次のように言い表わす：孤立した熱力学的体系の状態が変化するとき，その変化が可逆であるならばエントロピーは一定に保たれるが，不可逆であるならばエントロピーは増大する．

言うまでもなく，「不可逆変化」の前後関係は，外部に何らかの痕跡が残るような方法（たとえば外部から仕事の形で供給されるエネルギー）によって，容易に逆転する．これに対して，生体系の状態変化は，**絶対的不可逆変化**とも言う

べきものであり，その前後関係はいかなる方法（もちろんその痕跡は外部に残る）を用いても，絶対に逆転しない．前記の発生・分化・生長・発達・老化の諸過程は，生体系のこのような絶対的不可逆性を，如実に示すものである．

1-2. シュレーディンガーの提言

[1-2-A] 分子生物学の建設に対する三本の基本路線

要するに，前節での考察から，次のような結論が得られたわけである：本質論の目標は物事の時間的変化に注目して，その論理を把握することである；原子・分子の集合系である熱力学的体系の場合には，その状態の時間的・空間的変化の方向が，エントロピー増大の法則によって量的に規定されている．このエントロピーと生体とのかかわりについて，最初に重要な提言を行なったのはボルツマンである．彼は1886年にある講演を行ない，その結論を次のように述べている：「従って，生体が行なっている生活との戦いは，原物質（生体構成物質の原料）やエネルギーのためのものではなく，すべてエントロピーのためのものである」．[1]

このボルツマンの提言に刺激されたシュレーディンガーは，1944年に『生命とは何か―物理的にみた生細胞―』という著作を出版し，その中で分子生物学の建設について，次のような三本の基本路線の必要性・意義を説いた：[2]
（1） 遺伝子の実体についてその量子化学的構造を明らかにし，かつそれに基づいて遺伝の仕組みを説明すること；
（2） 「生物は負エントロピーを食べて生きている」という観点にたって，生体系の各構成要素の秩序性を把握すること；
（3） 生体系の秩序性を支えている実体的構造は，「時計仕掛け」の機構を成すものと考えられるので，その是非を検証すること．

シュレーディンガーが，それぞれ「可逆性」・「不可逆性」・「絶対的不可逆性」を示す三つの物質的階層を意識していたのかどうか，そのへんの事情は知る由もないが，上記の三つの提言は，それぞれこれら三つの物質的階層に，奇しくも対応している．

[1-2-B] 遺伝子の実体と遺伝の仕組み

シュレーディンガーは，まずデルブリュックらの研究に基づいて，遺伝の仕組みに関する当時の知識（染色体，有糸分裂，減数分裂，遺伝子の乗換えなど）

1-2. シュレーディンガーの提言

を整理し，次に遺伝子の実体をめぐって，次のような考え方を示した：①一つの遺伝子は，ある特定の遺伝形質を発現させる「線状の暗号文」であり，その記号は，「モールス信号の点と線」のような働きをする，少数の種類の単位から成っているに違いない；また，この「遺伝の暗号文」は，詳しく指定された「生長の設計図」と一対一に対応し，しかも「その設計図の計画を実施する手段」を，何らかの仕組みで含んでいなければならない；②一つの遺伝子に含まれる原子の個数は，たかだか数百万と考えられるが，統計熱力学的な描像では，この程度の個数の原子集団が「秩序正しく規則的に振舞うこと」を，合理的に説明することができない；なぜならば，例えば N 個の原子からなる熱力学的体系では，$\sqrt{N}$ 程度のゆらぎが必ず起こるからである；しかし，遺伝子がハイトラー・ロンドンの力に基づく「非周期的結晶」であるならば，何百年にもわたる遺伝形質の安定性を，量子力学に基づいて理解することができる；③遺伝子はおそらく1個の大きな蛋白質分子であり，その中ではすべての原子や基（ラジカル）や原子環（リング）が，それぞれ固有の役割を演じているに違いない；④遺伝子の突然変異は「非周期的結晶」の「異性体的不連続変化」であり，突然変異個体はこの変化が環境によって淘汰された結果を示すものである．[2]

シュレーディンガーのこのような考え方は，その後の分子生物学の開拓者たちに多大の影響を与えた．たとえば，デルブリュックは微生物学者ルリアと共同して細菌・ウイルスの遺伝的変異に取りくみ，それらの集団に生ずるいかにも獲得形質の遺伝のように見える環境適応現象が，環境によって適応的な方向へ誘発された遺伝的変化によるもの（当時ルイセンコ学派はこのように主張していた）ではなく，上記の推断④のとおりであることを，巧妙な実験方法を開発して証明した（デルブリュックは，ウイルスの遺伝と増殖機構に関する業績により，ルリアおよびハーシェイとともに，1969年度のノーベル生理医学賞をうけた）．[2] また，ウィルキンズ・クリック・ワトソン（1962年度のノーベル生理医学賞の授賞者たち）も，前記のシュレーディンガーの著書を読んだ瞬間から，遺伝子の秘密を探ることに取りつかれ，ついにDNAの二重らせんモデルを提出するに至った．[3] さらに，モノーは遺伝情報と「負エントロピー」との関連性をつねに念頭において，前記の推論①（特にその後半）の研究に取りくみ，大腸菌を使って蛋白質合成の調節機構に関するオペロン説を実証した（モノーは，ジャコブおよびルウォフとともに，1965年度のノーベル生理医学賞を授賞した）．[4]

[1-2-C] 「負エントロピー」の概念

シュレーディンガーの提言（2）は，情報理論の建設者の一人であるブリルアンに，最も大きな影響を与えた．すなわち，ブリルアンは物理単位の情報量が**負エントロピー**そのものであることに注目して，負エントロピーを重視する彼独自の理論を展開したのである（1953年）.[5] このブリルアンについては言うまでもなく，熱力学・統計力学を学んだ人ならば，「クラウジウスがエントロピーの符号を今とは反対にしておいてくれたら」という思いに，一度はとらわれたことと思う．しかし，情報伝達における負エントロピーの実体は，あくまでもその経路全体にわたるエントロピー収支決算の結果であるので，もし我々がこの量に固執するならば，故杉田元宣先生がすでに1952年に指摘されていたように，「我々が負エントロピーを摂取する所は便所である」，ということになるであろう．[6]

このような批判から容易に推察されるように，「生物は負エントロピーを食べて生きている」というシュレーディンガーの表現は，当時彼の仲間の物理学者たちから疑義や反駁を受けたばかりでなく，今日でもいろいろ誤解されている．しかし，この表現に対する彼の説明文を注意深く読んでみると，彼は「このことをもう少し**逆説らしくなく**表現するならば，物質代謝の本質は，生体がその生命を維持するために作り出さざるを得ないエントロピーを，全部うまい具合に体外へ放出するところにある」と述べている．つまり，「負エントロピー」という言葉を用いた彼の真意は，次のようなものであったと考えられる：細胞中の物質・エネルギーの代謝系は，巧妙なエントロピー伝達機構を備えており，その外部に放出されるエントロピーΔS_oが，その内部に吸収されるエントロピーΔS_iを上回るように仕組まれているので，その状態はあたかも「負エントロピー状態」であるかのように見える：

$$\Delta S_i - \Delta S_o < 0. \tag{1.1}$$

周知のように，熱機関では，このような状態にある作業物体が，外部に対して仕事を行なっている．

[1-2-D] 「負エントロピー」概念と「時計仕掛け」仮説との関連性

後述の我々の理論によると，(1.1)の不等式（我々はこれを**シュレーディンガー不等式**と呼んでいる）の必要・十分条件は，注目している体系が循環的（サイクリック）な不可逆的状態変化を行なう（すなわち「不可逆サイクル」をなす）

1-2. シュレーディンガーの提言

ことである.[7] この理論は，生体系において物質・エネルギー・情報がある方向に向かって流れる現象や，我々の生命を日々復元させている「概日リズム」の機構を，合理的に説明することができる．なぜならば，**不可逆サイクル**がある方向へ回転するとき，それはその回転に固有の一方向性の物質転換・エネルギー変換・情報伝達をひき起こすからである．また，生体に備わっている計時機構が，それぞれ秒針・分針・時針の役目をはたす数多くの不可逆サイクルから構成されているならば，それは正に「時計仕掛け」の「体内時計」であり，その状態は必ずある周期で復元するからである．

このような，「負エントロピー」概念と「時計仕掛け」仮説との関連性に関する我々の見解は，じつは以下に説明されるように，[1-2-A] 分節で触れた提言（3）に対するシュレーディンガー自身の立論を，やき直したものである．まず，彼の立論の筋をたどってみると，それは次のように組み立てられている：秩序性を生みだす仕掛けには，相異なる二つのものがある；一つは「無秩序から秩序」を生みだす「統計的仕掛け」であり，もう一つは「秩序から秩序」を生みだすものである；生体の最も著しい特徴は，それが「秩序から秩序への原理」に基づいているところにある；巨視的な諸現象の中で，この原理を最も顕著に示しているものは，物理的時計仕掛けである；生体も一種の**時計仕掛け**であり，それを「新奇で前例のないもの」にしている理由が何であるか，それを明らかにすることが残されている問題である；「生体内時計仕掛け」の「歯車」は，量子力学という「神の手」による最も精巧な芸術作品である．[2]

つぎに，シュレーディンガーの提言（2）に従い，「秩序」という言葉を「負エントロピー状態」におきかえて，上記の立論を読み直してみると，負エントロピー状態を実現するための必要・十分条件は，不可逆サイクルが存在することであるから，その内容は結局次のように翻訳されるわけである：生体内の「秩序から秩序への機構」では，負エントロピー状態にある数多くの不可逆サイクルが有機的に連結されている；その各不可逆サイクルを「歯車」とみなすならば，この「秩序から秩序への機構」は，まさに「時計仕掛け」の体系を成すものと言える；残された問題は，なぜある特定の分子群が一つの安定な不可逆サイクルを細胞内に形成し得るのか，その理由を明らかにすることである．

シュレーディンガーの「時計仕掛け」仮説は，「負エントロピー」概念の場合と同様に，これまでいろいろ誤解されてきた．しかし，以上の考察から推察されるように，この「時計仕掛け」は，次の三つの機構を解明する際に不可欠のものと考えられるので，その是非の検証は，こんご我々が真剣にとり組まなけ

ればならない重要な課題の一つである：(a) 生体系における一方向性の物質転換・エネルギー変換・情報伝達の機構；(b) 我々の生命を日々復元させている「概日リズム」の機構；(c) 個体の発生からその死に至るまでの絶対的不可逆過程において，各事象の起こる時刻を正確に知らせている**バイオロジカル・タイミング**の機構（この問題については次節でふれる）．

1-3．今後の基礎生物科学の課題

[1-3-A] 基礎生物学の課題

　[1-1-C] 分節での説明から明らかなように，基礎生物科学の研究対象は，それぞれ「絶対的不可逆性」・「不可逆性」・「可逆性」を示すような，まったく異質の三つの物質的階層にまたがっている．従って，今後の基礎生物学は，絶対的不可逆性の物質的階層に着目し，その法則性の把握を目ざして，生命現象自体の現象論をさらに磨き上げるべきであろう．その課題としては，例えば次のようなものを挙げることができる：(I) 発生における体軸決定のメカニズム；(II) 発生・分化の極座標表示（体軸を極軸とする）と「時計仕掛け」機構との関連性；(III) 刷り込み・学習・記憶などの機構．我々の推測によると，極座標表示での発生・分化は，二つの「時計」がそれぞれ極角および方位角の変化を支配しているような現象である．恐らく，これら二つの「時計」の間の相互作用が，「バイオロジカル・タイミング」の機構において，本質的な役割を演じているのであろう (timing とは：演劇や音楽などで，演出の最大効果をあげ得るように，演技・演奏・スピードなどを調節すること，またそのようにして得られる効果；競技などで，適当なときにスピードが出せるように，動作を調節すること；野球では，投球にバットを合わせること）．ちなみに，ヴァージニア・ノースウエスタン・ロックフェラーの3大学は，十数年前に協同してバイオロジカル・タイミング研究センターを設立し，課題(II)の解明に向かって前進しつつある．

[1-3-B] 生命化学の課題

　こんごの生命化学は，一方向性の物質転換・エネルギー変換・情報伝達を担っている基本的な諸「不可逆系」に着目し，分子生物学を開拓した偉大な先人たちの学問的姿勢を継承して，それらの実体的構造や安定性の起源，さらにはエントロピー伝達の機構，およびそれらの系が実際に不可逆サイクルを成しているか否かを，明らかにするべきであろう．

[1-3-C] 生命物理学の課題

　こんごの生命物理学は，たとえば蛋白質の高次構造変化に着目して，その機構やそれによるエントロピー変化，およびこのエントロピー変化と蛋白質の機能発現との関連性を解明するべきであろう．このような研究は，それぞれ「可逆性」・「不可逆性」を示す二つの物質的階層が統計熱力学によって結合されているので，その論理を実体論的に理解するという意義を有している．また，情報とエントロピーとの関連性や，情報入手に伴うエントロピー発生の起源，およびこのエントロピー発生と生体の「絶対的不可逆性」との関連性を探求し，生体情報力学とも言うべきものを創出するべきであろう．後述の我々の理論によると，情報入手の際には，その検出方法の信頼度・分子機構に依存して，エントロピーが発生する．[7)]

　この**生体情報力学**の究極の目標は，不可逆性の階層と絶対的不可逆性の階層とを結び付けている論理を発見することである．なぜならば，自然の論理は，「ミクロ」の世界の法則がわかっていれば，「マクロ」の世界の現象も自動的に明らかになる，という具合には決してでき上がっていないからである．例えば，我々が可逆性の階層の実体的構造に基づいて，不可逆性の階層における諸現象を解析できるのは，両階層を結び付けている論理（すなわち統計熱力学）がすでに確立されているからである．また，先人たちがこの論理を把握できたのは，両階層をそれぞれ支配している二組の諸法則が確立された後のことである．

　以上の説明から明らかなように，シュレーディンガーの著書『生命とは何か』は，分子生物学の開拓者たちや情報理論の建設者に多大な影響を与えたのみならず，その出版後約半世紀をへた今日でも，今後の基礎生物科学が何を明らかにしなければならないか，その課題を我々に指し示しているものとして，極めて重要な意義を有している．最後に，彼のこの小冊子が科学史に残る不巧の名作であることを強調して，本章を終えることにしたい．

[参考文献]

1)　E. ブローダ（市井三郎ほか訳）：ボルツマン，みすず書房，pp. 106, 1979.
2)　E. シュレーディンガー（岡　小天ほか訳）：生命とは何か，岩波書店，1975.
3)　H.F. ジャドソン（野田春彦訳）：分子生物学の夜明け（上），東京化学同人，1982.
4)　J. モノー（渡辺　格ほか訳）：偶然と必然，みすず書房，1972.
5)　L. Brillouin : The Negentropy Principle of Information, J. Appl. Phys., **24** (1953), pp. 1152-1163.

6) 杉田元宣：負エントロピーについて，科学（岩波書店），**22**(1952), pp. 95-96.
7) 鈴木英雄・伊藤悦朗・青木　清：体内時計から見た生体系のエントロピー法則，ヒューマン サイエンス, Vol.8, No.1, 1995, pp. 112-124.

2. 情報とは何か —— 情報とエントロピーとの関係

　本章では，まず「情報とは何か」の考察から話を始めて，情報を定量的に把握するための理論的視点を明らかにし，既存の情報理論では「情報量」がどのように定義されているかを説明する．次に，熱力学的体系が情報を入手する際には必ずエントロピー発生が起こることに着目し，その体系の情報量とエントロピーとの間に存在する密接な関係（その詳細については第4章を見よ）について，その要点を述べる．

2-1．現代社会と情報

[2-1-A]　高度情報化社会の出現

　情報という言葉は，明治35年に森鷗外がクラウゼヴィッツの『大戦原理』を翻訳して出版したときに創作され，明治の終わりか大正の初めに定着した日本語である，と言われている．ちなみに，中国では，消息および信息という言葉が古くから用いられてきているのに対して，情報という言葉は日常あまり使われておらず，従ってそれは森鷗外の翻訳語が逆に中国に輸入されたものと想像されている．

　現在，この情報という言葉がちまたに氾濫しているが，その主な理由としては，以下に述べる三つのものが考えられる．第一に，コンピュータおよびその利用法が，現代工学によって精力的に開発されており，いわゆる「高度情報化社会」が出現しつつあることである．多くの人々は，このような社会変貌を，「第二次産業革命」と呼んでいる．つまり，19世紀の第一次産業革命がエネルギー獲得方式の革命的変化に起因していたのに対して，現代の社会変貌は情報処理方式の飛躍的発展に基づいている，というわけである．

[2-1-B] 現代生物学と情報

　第二に，遺伝情報の発現機構や，刺激情報の受容・変換・伝達の機構が，現代生物学によって盛んに研究されていることである．現代生物学は，かつて遺伝子と呼ばれ，遺伝情報の担い手であると説明されていたものの化学的実体が核酸であることを見出し，さらにこの核酸のもつ情報が新しい個体に解読されてゆく道筋を明らかにした．その結果，組換え DNA 実験ひいては生命操作の技術がまったく新たに開発されて，生命を根底から操作することが可能になり，バイオテクノロジーという新しい生命工学が急速な成長を示しつつある．

　一方，刺激情報の処理機構については，受容器・伝導器・統合器・実行器などが分子のレベルで詳しく研究され，それらの構造と機能との関係がかなりはっきりしてきた．動物の感覚器，神経系，脳および筋肉・腺は，それぞれ上記の4器官の代表的な例である．

[2-1-C] 環境問題と情報

　第三に，現代社会では人間による環境破壊が急速に進行しており，環境の状態に関する正確な情報の入手，およびこの環境情報に対する適切な措置が，切望されていることである．これまで，人類はその自然科学の成果に基づいて数多くの巨大技術を開発してきたが，残念ながらその多くのものは有限の地球資源を食いつぶす「寄生虫的技術」であったと言わざるを得ない．なぜならば，現代社会では，人間における心身のひずみ，社会におけるストレスの増大，資源・食糧の欠乏，環境の異常，生態系の変動など，人類の生存にかかわる諸問題が，人口の増加や技術の発達に伴って続出しているからである．従って，今後の人類は自然界の平和にも責任をもつ生物として，「人間と技術との調和」・「技術化社会と自然環境との調和」をはかり，「生存の理法」を模索して行かねばならないのである．

2-2. 情報の定量化

[2-2-A] 情報の本質

　ところで，情報という言葉は，日常どのように用いられているのであろうか？例えば，ウエブスターの辞典によると，information とは，知識や報道を伝達あるいは受容することである．また，岩波書店の国語辞典などを見ると，情報とは，ある物事の事情や状況についての知らせ，またはそれを通して何らかの知識が得られるもののことであり，データが表現の形式の面を言うのに対して，情

2-2. 情報の定量化

報は表現の内容の面を言うことが多い，と説明されている．

しかし，このような理解だけでは，情報の本質を語り尽すことができない．なぜならば，情報はそれを取り入れた受け手の状態およびその変化の方向を規定するのみならず，さらにその受け手と相互作用している他の受け手へ，それ自身とは異なるタイプの情報を伝達し得るからである．つまり，情報の受け手の一例として，ある熱力学的体系を考えてみるならば，物質とエネルギー（熱はエネルギーがその体系に出入りするときの一つの形態である）の流れによって運ばれてくる「情報」は，その体系の状態およびその空間的・時間的変化の方向を規定しうるわけであり，従って**情報**の役割は，熱力学において最も重要な発言権を有しているエントロピーのそれと全く同じである，と言える．

実際，次節で述べられるように，既存の情報理論で用いられている「情報量」と，ボルツマンらによって定式化された「統計力学的エントロピー」とは，全く同一の形式で定義されているばかりでなく，両者の間には密接な関係が存在しているのである．

[2-2-B] 情報量の定義

いま，どこかの地点で何らかの状況変化が起こったと想定してみよう．このとき，最初はいくつかの可能な答が考えられるが，やがてその変化に対する情報が蓄積するにつれて，可能な答の数は減少し，理想的な場合には最後に一つの答のみが許されるであろう．つまり，真実は一つである，というわけである．そこで，既存の情報理論では，ある事象に対する初めの可能な答の数と，終わりの時点における答の数との比を考え，かつ情報の加算性を考慮して，その比の対数を，情報の受け手が得た「情報量」と定義するのである．

まず，情報の受け手が得た各情報の固有の価値を全く考えないことにする．そして，初めに P_0 個の場合が等確率でおこる可能性が存在していたが，その後そのうちの P_1 個の場合がおこり得ることが明らかになったとする．このとき，情報の受け手がその間に得た情報量は，上記の考え方に従って

$$I = K \log(P_0/P_1) \tag{2.1a}$$

と定義される．ここに，K は定数であり，log は自然対数を表わす．

この定義によると，生起確率 P_1/P_0 が小さいときには，入手すべき情報量が大きくなっていて，情報に対する我々の直観と一致している．また，独立な二つの事象を複合したときには，情報量の加算性が確かに保たれる．

[2-2-C] 情報量の単位

いま,相異なる N 個のコインの裏表について,二者択一的な選択を行なうことにしよう.このとき,起こりうる事象の数 P は 2^N である.そこで,$K\log P = N$(つまり $K\log 2 = 1$)となるように K を選んで,(2.1a) を

$$I = \log_2(P_0/P_1) \tag{2.1b}$$

と書き直し,これをビット単位の情報量という.また,上式に $k\log 2$ を掛けたものを,I_k と表わして物理単位の情報量という:

$$I_k = k\log(P_0/P_1), \quad k = 1.381 \times 10^{-16} \mathrm{erg/deg}. \tag{2.1c}$$

ここに k はボルツマン定数である.

ビット (bit) という単位名は,binary digit(二進数の桁を意味する)に由来するものである.なお,バイト (byte) という単位(1バイト=8ビット)も,よく用いられる.この単位は十進法の 10^3 に相当するものである.

2-3. 情報入手に伴うエントロピー発生

[2-3-A] ボルツマンの原理と情報量

熱力学的変数によって指定されたある物質系(正確にいえば熱力学的体系)の巨視的状態のなかに,何個の微視的状態が含まれているかを示す数を,その物質系の配合数という.ボルツマンの原理によると,配合数が W である物質系のエントロピー S は,

$$S = k\log W \tag{2.2}$$

で与えられる(付録 B の (B.3) を見よ).ここに k はボルツマン定数である.

さて,ある物質系がなにも情報を担っていない最初の状態にあったときには,その配合数が W_0 であったとし,それがある情報を担った現在の状態では,その配合数が W_1 ($W_1 < W_0$) に変化しているとしよう.このとき,ボルツマンの原理および (2.1c) によると,この物質系のエントロピー変化 ($S_1 - S_0$) と物理単位の情報量 I_k との間には,

$$S_1 - S_0 = k\log(W_1/W_0) = -I_k \tag{2.2a}$$

という関係が成り立つ.ここに S_0 および S_1 はそれぞれ最初および現在の状態におけるエントロピーである.つまり,ある物質系が情報を担っているとき,そ

2-3. 情報入手に伴うエントロピー発生

の物理単位の情報量は，その物質系が情報を担ったことによるエントロピー減少量に等しいのである．

ブリルアンは，$-S_0 = N_0$，$-S_1 = N_1$ とおいて，これらを**負エントロピー**と呼び，(2.3a) を次のように書き直した：

$$I_k = N_1 - N_0. \tag{2.3b}$$

つまり，彼の描像によれば，ある物質系が担っている情報量は，その最初の状態（負エントロピーが最小である熱平衡状態）を基準にした，その物質系の負エントロピーに等しい，ということになる．言うまでもなく，この負エントロピーは注目している物質系の「秩序度」を表わす量であるので（付録Bの [B-2-1] 分節を見よ），エントロピー増大の法則（付録A の (A.51) を見よ）に従って必ず散逸し消失してゆく．

[2-3-B] マクスウェルのデモン

1871年，マクスウェルは『熱の理論』という書物を著わし，その中で次のような問題をとり上げた．[8] いま，断熱壁で囲まれた容器に気体を入れ，その中に隔壁を設けて，気体を二つの部分 I と II に分ける．この隔壁には，小さな穴とそれを覆う小さな扉があり，その開閉がデモンによって管理されている．なお，このデモンは知能をもっており，平均の速さ $\bar{v}$ より速い（遅い）気体分子が I (II) からきた場合にのみ，扉を開いてその分子を II (I) へ通すが，その他の場合には扉を閉じたままにしておくものとする（図 2-1 を見よ）．

そうすると，デモンが気体分子の速度に関する情報を入手するだけで，I の温度が低くなると同時に II の温度が高くなり，その結果気体全体のエントロピーが減少する．これは熱力学第二法則の破綻を意味するものではなかろうか？，というのがマクスウェルによる問題提起であり，長いあいだ難解なパラドックスとして物理学者を悩ませてきた．

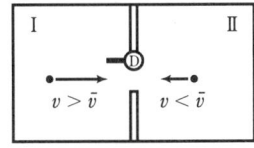 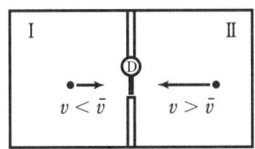

図 2-1　**デモンによる扉の開閉．**v は気体分子（黒丸）の速さを表わす．

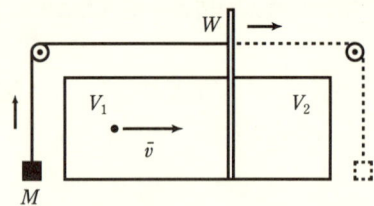

図 2-2 シラードのモデル. 気体分子が V_1 にあるときには,隔壁 W を右方へ移動させて,左側の錘 M をもち上げる.

[2-3-C] シラードのモデル

1929 年,シラードは「知能をもった存在の介入による熱力学的体系のエントロピー減少について」という論文を書き,次のようなモデルについてマクスウェルのデモンの機能を論じた.[9] すなわち,容器のなかに一つの分子をとじ込め,この容器を温度 T の熱浴に浸して,マクスウェルのデモンが次のような作業を順番に行なうものとするのである(図 2-2 を見よ):

(1) 体積 V の容器に隔壁を挿入して,それぞれ体積 V_1 および V_2 の二つの部分に分ける;

(2) 分子が V_1 または V_2 のいずれにあるかを識別する;

(3) 分子が V_1 にあるときには,隔壁を準静的に動かして,分子の入っている部分の体積を V_1 から V へ増加させる;この間に,分子は隔壁に何回も衝突して,その運動エネルギーを外界への仕事に変換する;

(4) 上記の三つの過程が終わったならば,再び隔壁を挿入し直して,この全過程をくり返すことにする.

このシラード・モデルの場合にも,デモンは分子の位置に関する情報に基づき,熱力学第二法則に反して,一つの熱源だけから有効なエネルギーをとり出せるように見える(付録 A の [A-4-1] 分節を見よ).

[2-3-D] 情報入手の過程でおこるエントロピー発生

シラードは,上記の識別過程 (2) において,エントロピーが発生しなければならない,と考えた.そして,分子が V_1 (V_2) にあることを識別したときのエントロピー発生を ΔS_1 (ΔS_2) とし,上記の全作業過程が平均的に熱力学第二法則を満足するための条件を考えて,

$$\exp(-\Delta S_1/k) + \exp(-\Delta S_2/k) \leq 1 \qquad (2.4a)$$

2-3. 情報入手に伴うエントロピー発生

という不等式を導いた．ここに等号（不等号）は上記の二つの作業過程（1）と（2）が可逆（不可逆）である場合に成り立つ．

$\Delta S_1 = \Delta S_2 \equiv \Delta S$ と考えてよいときには，(2.4a) から次式が得られる：

$$\Delta S \geq k \log 2 \simeq 0.69 k. \tag{2.4b}$$

つまり，過程（2）の測定においては，少なくともボルツマン定数程度のエントロピーが，発生しなければならないのである．

上述のように，シラードは情報入手の過程において必ずエントロピーが発生するはずであると考えたが，その機構については何ひとつ言及しなかった．もし，デモンがなんの光源ももたずに温度 T の熱輻射場の中にいるとすれば，分子の存在の有無にかかわらず，その熱輻射強度および「ゆらぎ」は一定であるから，デモンは分子を見ることができないはずである．そこで，ブリルアン（1953年）は「デモンが分子を見るためには，彼自身が懐中電燈を携帯していなければならない」と考えた．そして彼は，この懐中電燈から放射された低振動数（$\nu < kT/h$；h はプランク定数）または高振動数（$\nu > kT/h$）の光子を分子が散乱し，その散乱光子をデモンが受け取るものと想定して，この観測の信頼度が50％以上でよいとするならば，いずれの振動数の場合にも (2.4b) が成り立つことを，理論的に証明してみせたのである．[10] この証明によると，(2.4b) の等号は，信頼度がちょうど50％である場合を表わしている．

[2-3-E] ブリルアンの不等式

シラードのモデルの場合，デモンはエントロピー発生 (2.4b) の代償として得た情報に基づき，体系のエントロピーを減少させることができる．まず，デモンが前記の識別過程（2）で得る物理単位の平均情報量 I_k は，次のように表わされる：

$$I_k = -k(p_1 \log p_1 + p_2 \log p_2); \tag{2.5a}$$

$$p_1 = V_1/V, \ p_2 = V_2/V; \ p_1 + p_2 = 1. \tag{2.5b}$$

なぜならば，分子が V_1 または V_2 にあることを識別した場合，デモンが得る物理単位の情報量は (2.1c) によってそれぞれ $I_1 = -k \log p_1$ または $I_2 = -k \log p_2$ であり，またそれぞれの場合が生起する確率は p_1 または p_2 であるので，デモンが1回の観測によって得る物理単位の平均情報量 I_k は，

$$I_k = p_1 I_1 + p_2 I_2 = \tag{2.5a}$$

と計算されるからである.

次に, 分子の存在場所を識別したデモンは, その情報に基づいて, 体系のエントロピーを

$$\Delta s = k(p_1 \log p_1 + p_2 \log p_2) = - I_k < 0 \qquad (2.6a)$$

だけ変化させることができる. なぜならば, 分子が V_1 または V_2 にあった場合のエントロピー変化量はそれぞれ $\Delta s_1 = k \log p_1$ または $\Delta s_2 = k \log p_2$ であるので, それぞれに確率 p_1 または p_2 を掛けて平均すれば, $(2.6a)$ が得られるからである. つまり, デモンは彼が入手した情報を完全に利用して, それを「負エントロピー」に変換しているのである.

ここで我々は, $(2.5a)$ の I_k が $p_1 = p_2 = 1/2$ のときに最大値 $k \log 2$ をとることに, 注意しなければならない ([3-2-A] 分節を見よ). 換言すれば, $(2.6a)$ のエントロピー減少量 $|\Delta s|$ は,

$$k \log 2 \geq |\Delta s| = I_k \qquad (2.6b)$$

という不等式を満足するのである. 従って, この式を $(2.4b)$ と組み合わせることにより,

$$\Delta S \geq |\Delta s| = I_k \qquad (2.7a)$$

という関係式が得られる. つまり, 一般に物質系の情報入手過程では必ずエントロピー発生が起こり, しかもその大きさは, その物質系が情報を入手したことによるエントロピー減少を, 上回らなければならないのである.

ブリルアンは, さらに上記の結果を一般化して

$$(\Delta N + \Delta I) \leq 0 \qquad (2.7b)$$

と表わし, これを**「一般化されたカルノーの原理」**と呼んだ. ここに, ΔN はある物質系における「負エントロピー」の変化を, また ΔI はその物質系が担っている情報量の変化を表わしている.

[参考文献]

8) J.C. Maxwell : Theory of Heat, Longmans, Green and Co., London, 1877, pp. 328-329.

9) L. Szilard：Über die Entropieverminderung in einem thermodynamischen System bei Eingriffen intelligenter Wesen, Zeit. f. Phys., **53**(1929), pp. 840-856.
10) L. ブリルアン（佐藤　洋訳）：科学と情報理論，みすず書房，1969, pp. 192-198.

3. 情報量の性質

本章では,まずシャノンによる情報量の定義について述べ,それがどのような仮定に基づいているかを明らかにする.次に,情報量の基本的諸性質や,条件つき情報量に対する「シャノンの基本不等式」,さらに「相互情報量」や,連続的な事象に対する情報量の取扱いなどを説明する.そして最後に,情報理論の成立ちについて簡単にふれる.

3-1. シャノンによる情報量の定義

[3-1-A] 一つの例

最初に,シャノンによって定義された情報量がどのような仮定に基づいているかを明らかにするために,次のような一つの例を考えてみる.すなわち,壺の中に N 個の球が入っており,そのうちの $(N_1, N_2, \ldots, N_M)$ 個には,それぞれ $(A_1, A_2, \ldots, A_M)$ という M 種の文字が刻まれているものとする.言うまでもなく,$\sum_{j=1}^{M} N_j = N$ である.そして,この壺の中から任意の L 個の球を一つずつ取りだし,その文字を確認してから,その球をそのつど壺へ戻すことにする.そうすると,これら L 個の文字をその順番どおりに並べることによって,一つの通信文が得られる.

まず,各通信文の固有の価値を,まったく問題にしないことにする.例えば,「you love her」と「she loves me」との内容の差を,まったく考えないわけである.そうすると,このようにして作られる通信文の総数 W は,

$$W = L! / \prod_{j=1}^{M} L_j!, \quad L = \sum_{j=1}^{M} L_j \tag{3.1a}$$

で与えられる.ここに L_j は L 個の文字の中に含まれる文字 A_j の個数を表わす.

次に,$L \gg 1$ という仮定を導入することにすると,$(L_1, L_2, \ldots, L_M)$ は $(LN_1/N,$

3-1. シャノンによる情報量の定義 21

$LN_2/N, \ldots, LN_M/N$ という値に近づくであろう．そこで，

$$L_j \simeq Lp_j, \quad p_j = N_j/N \tag{3.1b}$$

と近似して，スターリングの公式

$$\log(L!) \simeq L(\log L - 1), \quad L \gg 1 \tag{3.1c}$$

を用いると，$(\log_2 W)/L$ が

$$(\log_2 W)/L \simeq -\sum_{j=1}^{M} p_j \log_2 p_j, \quad \sum_{j=1}^{M} p_j = 1 \tag{3.2a}$$

と計算される．

[3 - 1 - B]　　**情報量に対する根本的仮定**

　$(2.1b)$ によると，$(3.2a)$ の左辺は，上記のようにして作られる通信文の 1 文字あたりの平均情報量を，ビット単位で表わしたものである．実際，$(3.2a)$ の右辺は，その左辺の内容を，非常によく表現している．すなわち，確率 $(p_1, p_2, \ldots, p_M)$ で現れる M 種の文字 $(A_1, A_2, \ldots, A_M)$ を用いてある通信文を作るとき，文字 A_j が現れることによって得られるビット単位の情報量 I_j は，$(2.1b)$ によって $\log_2(1/p_j)$ で与えられるから，その通信文の平均情報量 I は，

$$I = \sum_{j=1}^{M} p_j I_j = -\sum_{j=1}^{M} p_j \log_2 p_j, \quad \sum_{j=1}^{M} p_j = 1 \tag{3.2b}$$

となるはずである．言うまでもなく，この I は $(3.2a)$ の右辺と完全に一致している．

　1948 年，**シャノン**は確率 $(p_1, p_2, \ldots, p_M)$ で生起する M 種の事象 $(1, 2, \ldots, M)$ について，ある事象が起こったことを知ったときに得られるビット単位の平均情報量を $(3.2b)$ のように定義し，それを**情報エントロピー**と呼んだ．その理由は，$(2.1b)$ の定義が，ボルツマンによって示された統計力学的エントロピー (2.2) と，形式上非常によく似ていたからである．

　[3 - 1 - A] 分節における考察から明らかなように，情報量 $(3.2b)$ は次のような二つの根本的仮定に基づいて定義されている：

(1)　　情報量の定義 $(3.2b)$ においては，各情報の有する固有の価値が，まったく無視されている；
(2)　　$(3.2b)$ を適用しうる事象の集合系は，エルゴード性を示す完全事象系に限られる．[11,12]

ここに**完全事象系**とは，各事象が排反事象となるような，つまり一つの事象が起こるとき他の事象は決して起こらないような，事象の集合系を意味している．また，多数回の試行をくり返すとき，各事象の生起確率がある一定の値に収束するようになることを，その事象集合系の**エルゴード性**という．

3-2. 情報量の数学的性質

[3-2-A] 情報量がとりうる値の範囲

第一に，(3.2b)において確率$\{p_j\}$が変化するとき，情報量Iの値がどのように変わるか，その範囲を考えてみよう．まず，$0 \leq p_j \leq 1$であるから，$\log_2 p_j \leq 0$であり，従って$I \geq 0$となる．次に，Iが最小値0をとるのは，$\{p_j\}$の中のある一つのものだけが1に等しく，その他のものがすべて0になる場合に限られる．なぜならば，$\log_2 p = -x$とおけば，

$$p = 2^{-x}, \quad 0 \leq x < \infty$$

であり，従って

$$\lim_{p \to 0} p \log_2 p = -\lim_{x \to \infty} (x/2^x) = 0$$

となるからである．つまり，ある一つの事象のみが起こるようになっているわけであるから，実際にそれが起こっても，情報は何ひとつ得られないのである．

第二に，すべてのM個の確率が等しいときに，すなわち

$$p_1 = p_2 = \cdots = p_M = 1/M$$

のときに，情報量Iは最大値$\log_2 M$をとることがわかる．つまり，この等確率の場合には，何が起こるかを予測することが最も難しいわけであるから，入手すべき情報量が最大となるのである．

この性質を証明するには，例えば$(p_1, p_2, \ldots, p_{M-1})$を独立変数と考え，(3.2b)を

$$I = -\sum_{j=1}^{M-1} p_j \log_2 p_j - \Big(1 - \sum_{j=1}^{M-1} p_j\Big) \log_2 \Big(1 - \sum_{j=1}^{M-1} p_j\Big)$$

と書き直して，$\partial I / \partial p_j = 0 \ (j = 1, 2, \ldots, M-1)$を計算すればよい．すなわち，

$$p_1 = p_2 = \cdots = p_M = 1/M$$

であり，このときの情報量は$\log_2 M$となる．

3-2. 情報量の数学的性質

結局，(3.2b) の情報量 I がとりうる値は，

$$0 \leq I \leq \log_2 M \tag{3.3}$$

という範囲に限られる．

[3-2-B] 情報量はその伝達経路によらない

簡単のために，三つの事象 (A_1, A_2, A_3) からなる完全事象系を考えて，それらの生起確率を (p_1, p_2, p_3) とし，いまそれらの生起過程を，図 3-1(b) に示したように 2 段階に分解してみる．まず第一段階では，二つの事象 A_2 と A_3 をひとまとめにして，A_1 および (A_2, A_3) がそれぞれ p_1 および $(p_2 + p_3)$ の確率で起こるものとする．次に第二段階では，A_2 および A_3 がそれぞれ $p_2/(p_2 + p_3)$ および $p_3/(p_2 + p_3)$ の確率で起こるものとする．このとき，次の関係式が成り立つことを，容易に確かめることができる：

$$I(p_1, p_2, p_3) = I(p_1, p_2 + p_3) + (p_2 + p_3) I\left(\frac{p_2}{p_2 + p_3}, \frac{p_3}{p_2 + p_3}\right). \tag{3.4}$$

言うまでもなく，上式の右辺第一項は，第一段階における平均情報量である．また，第二項は，第二段階において A_2 または A_3 のどちらかが生起したときの平均情報量に，(A_2, A_3) の生起確率 $(p_2 + p_3)$ を掛けて，それをさらに平均化したものである．つまり，最終的に得られる情報量は，そこに到達するまでの経路にまったく依存しないのである．[13]

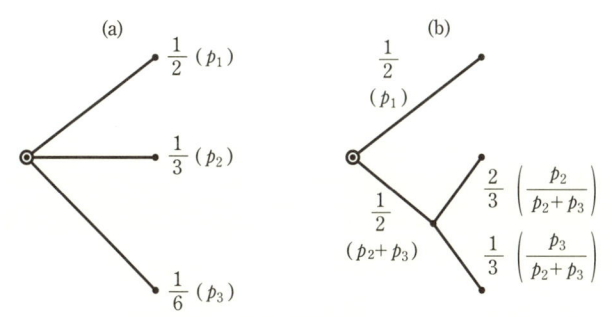

図 3-1　$(p_1, p_2, p_3) = (1/2, 1/3, 1/6)$ の場合について，関係式 (3.4) に関する二つの情報伝達経路を図式的に示したもの．

[3-2-C]　情報量に関する重要な不等式

(3.2b) における一組の確率 $(p_1, p_2, \ldots, p_M)$ に対して，条件

$$0 \leq q_j \leq 1, \quad \sum_{j=1}^{M} q_j = 1 \tag{3.5a}$$

を満足するもう一組の確率 $(q_1, q_2, \ldots, q_M)$ を考えると，次の不等式が成り立つ：

$$-\sum_j p_j \log_2 p_j \leq -\sum_j p_j \log_2 q_j. \tag{3.5b}$$

ここに等号の成立は $q_j = p_j$ $(j = 1, 2, \ldots, M)$ の場合に限られる．

上式を証明するには，

$$\log x \leq x - 1, \quad x \geq 0$$

であること，また等号の成立が $x = 1$ の場合に限られること，に注意すればよい．すなわち，

$$-\sum_j p_j (\log p_j - \log q_j) = \sum_j p_j \log(q_j/p_j)$$
$$\leq \sum_j p_j (q_j/p_j - 1) = 0$$

となるから，上式の両辺に $\log_2 e$ を掛けると，(3.5b) が得られるのである．

3-3．シャノンの基本不等式

[3-3-A]　結合事象と結合確率

いま，それぞれ $(x_1, x_2, \ldots, x_m)$ および $(y_1, y_2, \ldots, y_n)$ という要素からなる二つの完全事象系 X および Y について，それらの間に何らかの結び付きがあり，一組の事象 (x_j, y_k) が同時に生起する場合に対して，その確率 $\pi(j, k)$ を定義できるものとする．このとき，事象 (x_j, y_k) を要素とする新しい事象系 XY は，やはり完全事象系であり，事象系 X と事象系 Y との「結合事象系」と呼ばれる．また，確率 $\pi(j, k)$ を「結合確率」または「同時確率」という．言うまでもなく，$\pi(j, k)$ は次の条件を満足しなければならない：

$$\sum_j \sum_k \pi(j, k) = 1. \tag{3.6}$$

結合確率 $\pi(j, k)$ を用いると，事象系 Y のいかんにかかわらず事象 x_j が起こる確率 p_j，および事象系 X のいかんにかかわらず事象 y_k が起こる確率 q_k は，

$$p_j = \sum_{k=1}^{n} \pi(j, k), \quad q_k = \sum_{j=1}^{m} \pi(j, k) \tag{3.7a}$$

3-3. シャノンの基本不等式

と求められ，次の条件を満足する：

$$\sum_j p_j = 1, \quad \sum_k q_k = 1, \quad \sum_j \sum_k p_j q_k = 1. \tag{3.7b}$$

[3-3-B]　結合確率に関する情報量

上記の確率 $\{p_j\}$, $\{q_k\}$ または $\{\pi(j,k)\}$ を (3.2b) に代入すると，事象系 X，事象系 Y または結合事象系 XY に関する情報量が，それぞれ次のように得られる：

$$I(X) = -\sum_j p_j \log_2 p_j, \quad I(Y) = -\sum_k q_k \log_2 q_k,$$
$$I(XY) = -\sum_j \sum_k \pi(j,k) \log_2 \pi(j,k). \tag{3.8a}$$

いま，$I(XY)$ の性質を調べるために，(3.5b) の中の p_j および q_j をそれぞれ $\pi(j,k)$ および $p_j q_k$ でおき換えてみると，次の不等式が得られる：

$$\begin{aligned} I(XY) &\leq -\sum_j \sum_k \pi(j,k) \log_2(p_j q_k) \\ &= -\sum_j \sum_k \pi(j,k)(\log_2 p_j + \log_2 q_k) \\ &= -\sum_j p_j \log_2 p_j - \sum_k q_k \log_2 q_k. \end{aligned}$$

つまり，$[\,I(X), I(Y), I(XY)\,]$ の間には，

$$I(XY) \leq I(X) + I(Y) \tag{3.8b}$$

という不等式が成り立つのである．[13)] ここに，等号が成り立つのは，二つの事象系 X と Y が互いに独立である場合に限られる．

[3-3-C]　条件つき確率

さて，事象系 X の方では x_j が起こるという条件のもとで，事象系 Y の方では y_k が起こる場合を考えて，その生起確率を $q_j(k)$ と定義する．そうすると，$q_j(k)$ は $\pi(j,k)$ と p_j を用いて

$$q_j(k) = \pi(j,k)/p_j \tag{3.9a}$$

と表わされ，(3.7a) によって次の条件を満足する：

$$\sum_k q_j(k) = 1. \tag{3.9b}$$

同様にして，$y_k \in Y$ が起こるという条件のもとで，$x_j \in X$ が起こる場合の確率を $p_k(j)$ と定義すれば，それは

$$p_k(j) = \pi(j,k)/q_k \qquad (3.10a)$$

と表わされ，次の条件を満足する：

$$\sum_j p_k(j) = 1. \qquad (3.10b)$$

これらの確率 $q_j(k)$ および $p_k(j)$ を「条件つき確率」という．

なお，二つの事象 x_j および y_k が時間的にこの順序で起こり，しかもそれぞれ原因および結果となっている場合，条件つき確率 $q_j(k)$ はとくに「遷移確率」と呼ばれる．これに対して，$p_k(j)$ のほうは，結果 y_k の原因が x_j である場合の確率を表わしているので，特に「事後確率」と呼ばれる．

[3-3-D] 条件つき情報量

条件つき確率 $q_j(k)$ に関連した情報量は，「条件つき情報量」とよばれ，

$$\begin{aligned} I_X(Y) &= -\sum_j p_j \sum_k q_j(k) \log_2 q_j(k) \\ &= -\sum_j \sum_k \pi(j,k) \log_2 q_j(k) \end{aligned} \qquad (3.11a)$$

と定義される．同様にして，条件つき確率 $p_k(j)$ に関連した情報量 $I_Y(X)$ は，次のように定義される：

$$I_Y(X) = -\sum_j \sum_k \pi(j,k) \log_2 p_k(j). \qquad (3.11b)$$

容易に確かめられるように，これらの条件つき情報量は，(3.8a) で定義された3種類の情報量を用いて，

$$I_X(Y) = I(XY) - I(X), \quad I_Y(X) = I(XY) - I(Y) \qquad (3.12)$$

と表わされる．従って，これらの等式を (3.8b) の不等式と組み合わせることにより，次の不等式が導かれる：[13)]

$$I_X(Y) \leq I(Y), \quad I_Y(X) \leq I(X). \qquad (3.13)$$

これを**シャノンの基本不等式**という．言うまでもなく，等号が成り立つのは，二つの事象系 X と Y が互いに独立である場合に限られる．

3-4. 相互情報量

[3-4-A]　相互情報量とは何か

ところで，シャノンの不等式が成り立つとき，例えば $I(Y)$ と $I_X(Y)$ との差は，いったい何を意味しているのであろうか？　いま，この差の性質を調べるために，

$$I(X|Y) \equiv I(Y) - I_X(Y), \quad I(Y|X) \equiv I(X) - I_Y(X) \qquad (3.14a)$$

と定義し，(3.12) を用いてこれらの式を書き直してみると，まず

$$I(X|Y) = I(Y|X) = I(X) + I(Y) - I(XY) \geq 0 \qquad (3.14b)$$

であることがわかる (不等号については (3.8b) を見よ)．次に，(3.12) と上式から，次のような関係式が導かれる：[14)]

$$I_X(Y) + I(X|Y) + I_Y(X) = I(XY). \qquad (3.14c)$$

図3-2 は，上に述べた事柄を，図式的に示したものである．この図から容易に理解されるように，$I(X|Y)$ という情報量は，事象系 X に関する情報量 $I(X)$ と，事象系 Y に関する情報量 $I(Y)$ との，共通部分に相当している．換言すれば，$I(X|Y)$ は，$I(X)$ または $I(Y)$ における不確かな情報の量を表わすものである．言うまでもなく，X と Y が互いに独立であるときには，$I(X)$ と $I(Y)$ が分離して共通部分をもたないので，$I(X|Y)$ が 0 になる．このような理由により，$I(X|Y)$ は**相互情報量**と呼ばれている．これに対して，$[I(X), I(Y), I(XY)]$ の各々は，それが単一事象系・結合事象系のいずれの情報量であっても，一つの事象系そのものの情報量を表わしているので，**自己情報量**と呼ばれる．

$I_X(Y)$	$I(X\|Y) = I(Y\|X)$	$I_Y(X)$

⊢──────── $I(XY)$ ────────⊣
　　⊢──────── $I(X)$ ────────⊣
⊢──────── $I(Y)$ ────────⊣

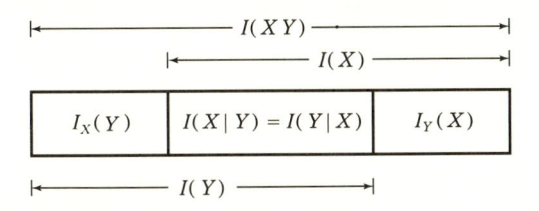

図3-2　種々の情報量の間の関係を図式的に示したもの．$I_X(Y)$ と $I_Y(X)$ は条件つき情報量を，$I(X|Y)$ は相互情報量を，そして $I(XY)$ は結合事象系 XY に関する情報量を表わす．

最後に，相互情報量がどのような確率に関連しているかを明らかにするために，(3.14b) の $I(X|Y)$ を，(3.8a) および (3.7a) を用いて具体的に表わしてみよう．そうすると，

$$I(X|Y) = \sum_j \sum_k \pi(j,k) \log_2[\pi(j,k)/p_j q_k] \qquad (3.15a)$$

が得られる．なお，(3.9a) および (3.10a) によると，

$$\frac{\pi(j,k)}{p_j q_k} = \frac{q_j(k)}{q_k} = \frac{p_k(j)}{p_j} \qquad (3.15b)$$

であるので，条件つき確率を用いて，$I(X|Y)$ を次のように表わすこともできる：

$$\begin{aligned} I(X|Y) &= \sum_j \sum_k \pi(j,k) \log_2[q_j(k)/q_k] \\ &= \sum_j \sum_k \pi(j,k) \log_2[p_k(j)/p_j]. \end{aligned} \qquad (3.15c)$$

[3-4-B] 連続的な事象の相互情報量

これまで，それぞれ x_j $(j=1,2,\ldots,m)$ および y_k $(k=1,2,\ldots,n)$ を要素とする二つの「離散的」な完全事象系 X および Y について，相互情報量 $I(X|Y)$ を考えてきた．しかし，実際の問題では，X および Y が「連続的」な値をとり，それらに対する確率分布が与えられる場合も，しばしば起こりうる．

このような場合には，点 (x,y) を中心とする面積要素 $dxdy$ を考えて，その中に (X,Y) の値が見出される場合の結合確率を，$\pi(x,y)dxdy$ と定義すればよい．つまり，次の条件を満足する結合確率密度関数 $\pi(x,y)$ を導入するわけである：

$$\iint dxdy\, \pi(x,y) = 1. \qquad (3.16)$$

ここに，x および y についての積分は，それぞれ X および Y の定義域全体にわたって行なわれるものとする．

この $\pi(x,y)$ を用いると，次の 4 種類の確率密度関数が，ただちに定義される：

$$p(x) = \int dy\, \pi(x,y), \quad q(y) = \int dx\, \pi(x,y)\,;$$

$$p_y(x) = \pi(x,y)/q(y), \quad q_x(y) = \pi(x,y)/p(x). \qquad (3.17)$$

ここに，例えば $p(x)dx$ は，連続的な事象 Y のいかんにかかわらず，連続的な事象 x の値が区間 $(x, x+dx)$ の中に見出される場合の確率である．また，例えば $q_x(y)dy$ は，$X=x$ という条件のもとで，Y の値が区間 $(y, y+dy)$ の中に見出される場合の条件つき確率である．容易に確かめられるように，これらの確率

3-4. 相互情報量

密度関数は，それぞれ次の条件を満足する：

$$\int dx\, p(x) = 1, \quad \int dy\, q(y) = 1 ;$$
$$\int dx\, p_y(x) = 1, \quad \int dy\, q_x(y) = 1. \tag{3.18}$$

さて，X および Y の定義域を微小な長方形に分割して，その一つの面積を $\Delta x_j \Delta y_k$ とし，またその中の代表点の座標を (x_j, y_k) としよう．そうすると，(3.15a) の相互情報量は，確率密度関数 $[\pi(x_j, y_k), p(x_j), q(y_k)]$ を用いて，近似的に

$$\sum_j \sum_k \pi(x_j, y_k) \Delta x_j \Delta y_k \log_2 \{\pi(x_j, y_k) \Delta x_j \Delta y_k / [p(x_j) q(y_k) \Delta x_j \Delta y_k]\}$$

と表わされる．従って，この表式の極限を考えることにより，連続的な事象に対する相互情報量を，

$$I(X|Y) = \iint dxdy\, \pi(x, y) \log_2 \{\pi(x, y)/[p(x)q(y)]\} \tag{3.19}$$

と定義することができる．

なお，$x = f(x')$ および $y = g(y')$ という方程式を用いて，(3.19) の積分変数を (x, y) から (x', y') へ変換する場合，新しい座標系における確率密度関数 $[\pi'(x', y'), p'(x'), q'(y')]$ は，それぞれ

$$\pi'(x', y') dx' dy' = \pi(x, y) dxdy,$$
$$p'(x') dx' = p(x) dx, \quad q'(y') dy' = q(y) dy$$

を満足しなければならない．従って，(3.19) の形は上記の変数変換に対して，不変に保たれる．しかし，$x = F(x', y')$ および $y = G(x', y')$ という一般的な変数変換に対しては，二つの事象 X と Y がまじり合うので，当然 (3.19) は変化する．

[3-4-C] 自己情報量を積分形で表わすことは不可能である

いま，X の定義域を微小な区間に分割して，その一つの長さを Δx_j とし，またその代表点の座標を x_j とすれば，確率密度が $p(x)$ である連続的な事象の情報量は，いちおう次のような離散的表式の極限と考えられる：

$$-\sum_j [p(x_j) \Delta x_j] \log_2 [p(x_j) \Delta x_j]$$
$$= -\sum_j \Delta x_j p(x_j) \log_2 p(x_j) - \sum_j \Delta x_j p(x_j) \log_2 (\Delta x_j).$$

しかし，Δx_j を 0 に近づけると，上式の右辺第二項は発散してしまう．

また，上式の右辺第一項は，$\Delta x_j \to 0$ の極限において，

$$-\int dx\, p(x) \log_2 p(x)$$

と表わされるが，この積分も $x = f(x')$ という変数変換に対して，

$$-\int dx'\, p'(x') \log_2 p'(x') + \int dx'\, p'(x') \log_2 (df/dx')$$

となり，その形は決して不変に保たれない．

上記の事情は，結合確率密度や条件つき確率密度に関する情報量についても，まったく同様である．つまり，連続的な事象については，その自己情報量を考えること自体に，もともと意味がないのである．[14] しかし，実際の問題では，情報量が必ずある精度で伝送されるので，連続的な事象をあたかも不連続的なもののように見なして，その自己情報量を近似的にとり扱うことができる．脳・神経系において刺激情報が神経軸索上をインパルスの形で伝送されるのも，自己情報量のこのような特質と密接に関連しているものと考えられる．

たとえば，信号をある地点から他の地点へ伝送する場合，送信者と受信者との間には，送信すべき信号の精度について，ある特定の了解が必ず成立している．すなわち，送信者が相異なる二つの信号をその精度内で送っても，受信者はそれらを同一のものとみなしてしまうのである．つまり，情報量が必ずある精度で伝送される実際の問題では，連続的な事象といえども，あたかも不連続的なもののように，取り扱えるのである．

3-5．情報理論の成立ち

[3-5-A] 通信理論としての成立ち

19 世紀の中ごろ，長距離用の通信ケーブルが実用化され，大西洋横断ケーブルが敷設された．そのころ，熱力学的温度目盛の提唱や，熱力学第二法則の定式化で有名なトムソン（のちのケルビン卿）も，通信ケーブルの時定数や，英語の文字の出現頻度を考慮したモールス符号の改良などを研究していた，と言われている．これは，おそらく「通信の効率」を初めて問題にした研究であり，最初の「通信理論」として位置づけられるべきものであろう．

1928 年，**ハートリー**は「情報とは記号の系列である」という考え方を初めて提唱し，それに基づいて当時の無線通信の理論を一般化した．すなわち，彼は

3-5. 情報理論の成立ち

ひとまず「情報の価値」を捨象して，「情報の量」を明確に定義することを考え，M種類の符号をN個ならべて作られる系列の一つについて，その「情報量」を次のように定義した：

$$I = \log(M^N/1) = N \log M \tag{3.20}$$

((2.1a) を見よ)．あまり知られていないが，今日の情報理論はこのハートリーの定義に従って，情報量を考えているのである．

今日の情報理論の基礎を築いたのは，通信理論を飛躍的に発展させたシャノン (当時ベル研究所) である．1949年，彼はウィーバとともに『*The Mathematical Theory of Communication*』という著書を出版して，彼の研究成果をまとめた．[15] 彼の通信理論は，実際の通信上の諸問題に合理的な解答を与えたばかりでなく，数学者にも強い刺激を与えて，通信理論を応用数学の沃野にかえた．よく知られているように，フォン・ノイマンは，この分野で活躍した最も有名な数学者の一人である．

[3-5-B] 自動制御理論としての成立ち

第二次大戦中，軍事上の切実な技術的諸問題を解決するために，多くの物理学者や数学者たちが戦時研究に参加した．シャノンの通信理論も実はこの戦時中の暗号研究を契機として発展したものであり，従って彼の研究では，信号を伝送する以前のその符号化に力点がおかれている，と言われている．

これに対して，「サイバネティックス」を創設したウィーナーは，対空砲の自動制御の研究を契機として，フィードバックの一般論を発展させたので，彼の研究では，伝送中の信号に加わる雑音の抑制や除去に，主眼がおかれているように思われる．実際彼は，この雑音を抑制するためのフィルターの原理の研究や予測器の設計などを精力的に行なったのである．また，リーはこのウィーナーの研究に基づいて電子回路を組み立て，信号対雑音比が-20デシベルという，実質的には雑音の中に埋もれているような信号の検出に成功した，と言われている．

1948年，**ウィーナー**は『*Cybernetics − Control and communication in the animal and the machine −*』という著書を出版して，彼の研究成果をまとめた．[16]「Cybernetics」という言葉は，ギリシャ語の「$\kappa\nu\beta\epsilon\rho\nu\eta\tau\eta\varsigma$」に由来しており，「舵手」を意味している．言うまでもなく，舵手の機能は，現在の自動制御装置あるいはより高次の自動制御システムの原点とも言えるものである．また，上

記の著書の副題からも推察されるように，**サイバネティックス**という学問体系は，フィードバックをふくむ自動制御の概念を中心にして，生体の自動調節機能や通信上の諸問題を幅広く論ずるものである．周知のように，[1 - 2 - B] 分節でふれたジャコブ・モノーのオペロン説は，この自動制御理論の影響を強く受けた諸研究の一例である．

フィードバック回路の特徴の一つは，情報の伝達に要するエネルギーが，その情報によって制御される本来の仕事に必要なエネルギーに比べて，はるかに小さい，ということである．従って，サイバネティックスでは，信号伝達およびエネルギー伝達の問題が，互いにほぼ独立なものとして，別個にとり扱われてきた．しかし，生体系では情報の伝達とエントロピーの流れ方との間に密接な関係があるので，今後はこの関係に注目して，新しい理論を展開してゆかなければならない．

なお，ウィーナーは上記の著書の第3章において，自己情報量に相当する「情報の測度」の定式化を，シャノンとは独立に積分形で行なっている．前節でも述べたように，積分形で厳密に定義できる情報量は，相互情報量のみに限られるのであるが，実際の問題では，連続的な事象を不連続的なもののようにみなして，その自己情報量を近似的に取り扱う（つまり情報を必ずある精度で伝送する）わけであるから，このウィーナーの試みは決して過小に評価されるべきものではない．

[3 - 5 - C]　統計力学としての成立ち

以上のように情報理論の成立ちをふり返ってみると，情報量および統計力学的エントロピーの定義が形式的にはまったく同一であるにもかかわらず，両者の起源はまったく異なることがわかる．しかし，第2章の最後の節でも述べたように，この一致は単なる形式上のものではなく，実は情報とエントロピーとの間に密接な関係があることを物語っているのである．

ここで第2-3節の要点を復習してみると，統計力学と情報理論とのかかわりの端緒は「マクスウェルのデモン」であることがわかる．このデモンは，統計力学の建設の過程でマクスウェル（1871年）によって導入され，その後約半世紀もの間，難解なパラドックスとして物理学者を悩ませたものである．なぜならば，このデモンは，断熱壁で囲まれた容器の中の気体分子について，その速度に関する情報を入手するだけで，気体全体のエントロピーを減少させることができるからである．

この問題に最初の解答を与えたのが，シラード（1929年）である．彼は「マ

3-5. 情報理論の成立ち

クスウェルのデモン」が容器に隔壁を挿入して気体を二つに分け,かつある気体分子がそのいずれにあるかを識別するものと想定して,この識別の際にある大きさ ΔS のエントロピーが必ず発生しなければならないと考えた.そして,デモンの行なう全作業過程が熱力学第二法則を満たすように ΔS を決定して,(2.4b) の不等式を導いたのである.

このシラードの不等式を,思考実験により具体的に証明してみせたのが,ブリルアン (1953年) である.彼は,熱輻射場以外の光源から放射される光子を気体分子が散乱し,その散乱光子をデモンが受け取るものと想定して,この測定の信頼度が 50% 以上であるならば,(2.4b) の不等式が成り立つことを,理論的に導いた.[17] ブリルアンが「一般化されたカルノーの原理」と呼んだ定理 (2.7b) は,下記のような (2.7a) の内容を一般化したものである:「ある物質系の担っている物理単位の情報量は,その系が情報を入手したことによるエントロピー減少の大きさを表わしており,しかもその情報入手の過程では必ずエントロピー発生が起こり,その大きさは上記のエントロピー減少を上回らなければならない」.

こんご,生体系の情報伝達機構を熱力学的な観点から考察する場合には,関係式 (3.4) など ((3.2b) の所で要約された二つの根本的仮定 (1) および (2) から導かれたもの) の適用限界を明らかにし,すでに第1-3節で述べた下記の2点を重視して,**生体情報力学**とも言うべき新しい情報理論を創出してゆかなければならない:(1)「時計仕掛け」の機構を説明しうる「情報伝達のエントロピー理論」を建設すること;(2)「情報入手に伴うエントロピー発生」と「絶対的不可逆性」との関連性を解明すること.

[参考文献]

11) L.L. ギャトリン (野田春彦ほか訳):生体系と情報理論,東京化学同人,第3章,1974.
12) 国沢清典・梅垣寿春編:情報理論の進歩—エントロピー理論の発展—,岩波書店,第Ⅰ部,1965.
13) 参考文献 10 の第2章第2部を参照のこと.
14) 佐藤 洋:情報理論,基礎物理学選書 **15**,裳華房,§2-2,1973.
15) C.E. シャノン及び W. ウィーバ (長谷川淳・井上光洋訳):コミュニケーションの数学的理論,明治図書,1969.
16) N. ウィーナー (池原止戈夫ほか訳):サイバネティックス—動物と機械における制御と通信—,岩波書店,1962.
17) 参考文献 10 の第 14 章を参照のこと.

4. 情報入手に伴うエントロピー発生の理論

　本章では，情報入手に伴うエントロピー発生について，シラードの熱力学的理論や，ブリルアンの量子統計力学的理論および「一般化されたカルノーの原理」などを，まず紹介する．次に，情報入手方法の「信頼度」を現象論的に定義して，情報の入手とエントロピーの流入・発生との間の密接な関連性を，一般的に明らかにする．そして最後に，具体的な情報入手の一例として，視細胞外節中の視物質系が光子を吸収する場合を考え，それを分子論的に定式化して，「視物質系では約54％の信頼度で1～2個の光子が検出されている」ことや，「この検出に対する不可避の代償として約 $1.1 \times \log 2$ のエントロピーが発生する」ことなどを，理論的に指摘する．

4-1. シラードの熱力学的理論[9]

[4-1-A] シラードの考え方

　最初に，[2-3-C]分節で述べたシラードのモデルについて，二三の注釈をつけ加えることにしよう．なぜならば，図2-2の場合には，容器の中に閉じ込められている1個の気体分子に対して，マクスウェルのデモンが行なう全作業過程が，説明されているからである．おそらく読者は，この図2-2の場合と図2-1の場合との関連性や，1個の気体分子の振舞を熱力学的に論ずることの是非などについて，いくつかの疑問を抱いたであろう．
　そこで，もう一度図2-1の場合をふり返ってみると，マクスウェルのデモンは，平均の速さ $\bar{v}$ より速い分子が領域Iからきたときには，隔壁上に存在する小さな穴の扉を開いて，その分子を領域IIへ通すが，$\bar{v}$ より遅い分子がIからきたときには，扉を閉じたままにしておいて，その分子をIへ反射させるわけである．言うまでもなく，この穴の大きさは1個の分子しか通れないくらいの

4-1. シラードの熱力学的理論

ものであり,しかもその扉は十分小さく,従ってその開閉に要する仕事は無視できる,と仮定されている.また逆に,$\bar{v}$ より速い分子がⅡからきたときには,扉を閉じたままにしておき,$\bar{v}$ より遅い分子がⅡからきたときには,扉を開いてその分子をⅠへ通すわけである.

そうすると,領域Ⅰ(Ⅱ)の温度が低く(高く)なって,気体全体のエントロピーが減少するばかりでなく,この温度差を利用して熱機関を働かせれば,有効な仕事をとり出すこともできる.つまり,第二種永久機関(付録Aの[A-4-1]分節を見よ)が実現することにもなる.そこでマクスウェルは,「これは熱力学第二法則の破綻を意味するものではなかろうか?」という,既述の問題提起を行なったわけである.

さて,温度 T の熱浴の中には,図2-2の容器(これをAとする)のほかに,もう一つの別の容器Bが浸っており,その中には同一の分子からなる理想気体が閉じ込められている,と想定してみよう.そして,上記のような超能力をもつ2匹のデーモンAとBの存在を仮定して,彼らに次のような作業を分担させてみることにしよう:(a)まずデーモンBは,容器Bの中の気体分子を,1個だけ容器Aの中へ送り込むものとする;(b)次にデーモンAは容器Aの中の1個の気体分子に対して,図2-2の所で述べた三つの作業(1)・(2)・(3)を行なうものとする;(c)そして,これら三つの作業が終ったならば,デーモンBはその分子を容器Bへもどし,かつそれとは別の分子を,容器Bから容器Aへ送り込むものとする;(d)上記の全作業を,容器Bの中の数多くの気体分子について,くり返すことにする.

そうすると,上記の作業(b)によって取り出された仕事の総量は,理想気体を作業物質とする可逆熱機関が外界になす仕事と,原理的に等価なものになるであろう.また,容器Aの中における1個の気体分子の振舞を,容器Bの中における理想気体の平均的振舞と等価なものとみなすならば,マクスウェルのデーモンについて,図2-2のようなモデルも許されるであろう.シラードは,多分このように考えて,次の計算を行なったものと推察される.

[4-1-B] 1分子あたりの平均的エントロピー変化

上記の考え方によると,図2-2の過程(1)において隔壁が挿入されたとき,まず体系のエントロピーが次のように変化する.すなわち,分子が V_1 または V_2 にある場合,それぞれのエントロピー変化量は

$$\Delta s_1 = k \log(V_1/V), \quad \Delta s_2 = k \log(V_2/V) \qquad (4.1a)$$

となり，ともに負の値を示す(付録Aの(A.40b)を見よ)．ここに，k はボルツマン定数であり，1分子あたりの気体定数に相当するものである．従って，それぞれの場合の生起確率が

$$p_1 = V_1/V, \quad p_2 = V_2/V \quad (p_1 + p_2 = 1) \tag{4.1b}$$

であるから，平均のエントロピー変化量 Δs は，次のように得られる：

$$\Delta s = k(p_1 \log p_1 + p_2 \log p_2) < 0. \tag{4.1c}$$

次に，図 2-2 の過程(2)において，分子が V_1 または V_2 のいずれにあるかを識別したときには，仮定によって，

$$\Delta S = p_1 \Delta S_1 + p_2 \Delta S_2 > 0 \tag{4.2}$$

というエントロピーが，平均的に発生する．

[4-1-C]　外界になされた1分子あたりの平均的仕事

分子が図 2-2 の過程(3)において外界になす仕事 W は，温度 T の熱浴から供給される．すなわち，分子が V_1 にいる場合，仕事 W_1 に変換される熱浴の熱量 Q_1 は，1個の分子に対する理想気体の状態方程式 $pV = kT$ を用いて，

$$Q_1 = W_1 = \int_{V_1}^{V} pdV = -kT \log p_1 \tag{4.3a}$$

と計算される．同様にして，分子が V_2 にいる場合には，仕事 W_2 に変換される熱量 Q_2 が，

$$Q_2 = W_2 = \int_{V_2}^{V} pdV = -kT \log p_2 \tag{4.3b}$$

と得られる．従って，過程(3)から得られる仕事の平均値 W は，

$$W = p_1 W_1 + p_2 W_2 = -T\Delta s \tag{4.4a}$$

となり，この W と等量の熱量

$$Q = p_1 Q_1 + p_2 Q_2 = W \tag{4.4b}$$

が，熱浴から供給されるわけである．

なお，(4.4a)は，隔壁を挿入された体系のエントロピー減少 Δs (すなわち負エントロピー)が，外界への仕事に利用されていることを，示すものである．また，過程(3)においては，熱浴のエントロピーが Q/T だけ減少して，気体の

4-1. シラードの熱力学的理論

エントロピーが Q/T だけ増大しており，熱浴を含めた全体系のエントロピーは不変であることが分かる．

[4-1-D] シラードの不等式

結局，前記の全作業過程が熱力学第二法則に反しないためには，

$$\Sigma = \Delta s + \Delta S \geq 0, \quad p_1 + p_2 = 1 \tag{4.5}$$

という条件が，満足されなければならない．まず，

$$\frac{\partial}{\partial p_k}\Big(\Sigma - \Lambda \sum_{j=1}^{2} p_j\Big) = 0 \tag{4.6a}$$

という，Λ を未定乗数とする付帯条件つきの変分方程式から，

$$\log p_1 + \Delta S_1/k = \log p_2 + \Delta S_2/k = \Lambda/k - 1 \equiv \lambda \tag{4.6b}$$

が導かれ，これらは

$$p_j = \exp(\lambda)\exp(-\Delta S_j/k), \quad (j=1,2) \tag{4.6c}$$

と書き直される．次に，これらを (4.5) に代入すると，

$$\Lambda = k\lambda \exp(\lambda) \sum_{j=1}^{2} \exp(-\Delta S_j/k) \geq 0 \tag{4.7a}$$

と得られるが，(4.6c) は

$$p_1 + p_2 = \exp(\lambda) \sum_{j=1}^{2} \exp(-\Delta S_j/k) = 1 \tag{4.7b}$$

を満足しなければならないので，(4.7a) から，

$$\Lambda = k\lambda \geq 0 \quad \text{すなわち} \quad \lambda \geq 0 \tag{4.8a}$$

という条件が導かれる．つまり，

$$\exp(\lambda) \geq 1, \quad \exp(-\lambda) \leq 1 \tag{4.8b}$$

であるので，(4.7b) から，

$$\sum_{j=1}^{2} \exp(-\Delta S_j/k) \leq 1$$

という，シラードの不等式 (2.4a) が得られるわけである．

4-2. 熱輻射の量子統計力学的理論

[4-2-A]　熱輻射とは何か

次に我々は，情報入手に伴う不可避のエントロピー発生について，ブリルアンの量子統計力学的理論を学ばなければならないが，本節ではその準備として，熱輻射の基本的性質を復習することにしよう．

さて，周知のように，物体の温度を上げてゆくと，まず肉眼には見えない赤外線（いわゆる熱線）が放射されるが，やがて 500°C ぐらいになると，赤い光が見えはじめる．さらに温度を上げてゆくと，物体が発する光の波長は橙，黄，緑，青，藍，紫としだいに短くなり，最後に多量の紫外線が放射されるようになる．このような，物体を熱したときに放射される電磁波を，通常熱輻射と呼ぶが，その最も重要な例は，地球に到達する太陽の輻射エネルギーであり，それは温度が約 6000K の物体から放射される熱輻射にほぼ等しいものである．

物体がその単位表面積から単位時間中に放射する振動数 ν の輻射エネルギー e_ν は，その物体の単色放射能と呼ばれる．また，物体に入射した振動数 ν の輻射エネルギーのうち，どれだけが物体に吸収されるかを示す割合 a_ν は，ディメンションのない単なる数であるけれども，単色吸収能と呼ばれる．物体が熱平衡にある場合，その熱輻射に関する e_ν と a_ν との比は，物体の種類にかかわらず一定であり，ただ振動数 ν と温度 T だけに依存する．これが 1859 年に発見された**キルヒホッフの法則**である．

熱輻射の性質を理論的に考察する際には，キルヒホッフが**黒体**と名づけた $a_\nu = 1$ の物体，すなわち，あらゆる電磁波を完全に吸収してしまう物体を考えると，非常に便利である．なぜならば，キルヒホッフの法則によると，任意の物体の e_ν/a_ν は黒体の放射能に等しいからである．黒体は理想的な物体であるが，ある壁で囲まれた空洞に極めて小さな窓をあけると，それは黒体と同じ物理的性質をもつ．すなわち，この小窓から入射した電磁波が決して空洞の外部に漏れないならば，それは空洞の内壁で何回か反射され，最後にそのエネルギーを完全に失うであろう．そこで，黒体輻射のことを**空洞輻射**とも言う．

[4-2-B]　古典物理学は黒体と輻射との熱平衡を説明できない

黒体と輻射との熱平衡は，古典物理学ではまったく理解できないものである．これを簡単な例で説明してみよう．いま，鉄片の表面をそれがあらゆる電磁波

を完全に吸収し得るように黒くぬり,上記の空洞の中に封入する.0°C では,この鉄片はその表面から約 $3 \times 10^5 \mathrm{erg}/(\mathrm{cm}^2 \cdot \mathrm{s})$ の輻射エネルギーを放出するが,熱平衡にあるときには,同時にその周囲の空間から同量の輻射エネルギーを吸収する.一方,空洞の内壁と鉄片の表面との間の空間では,輻射エネルギー密度の熱平衡値は,0°C において約 $4 \times 10^{-5} \mathrm{erg}/\mathrm{cm}^3$ である.ところが,鉄片内部における内部エネルギー密度は,同じ温度において約 $8 \times 10^9 \mathrm{erg}/\mathrm{cm}^3$ の値をもつ.これは空間における輻射エネルギー密度の約 2×10^{14} 倍に相当している.すなわち,鉄片と輻射とが熱平衡にある場合には,ほとんどすべてのエネルギーが鉄片内部に集中しており,外部の輻射場にはごく少量のエネルギーしか分配されていないのである.

この事実こそまさに古典物理学では理解できないものである.例えば,いくつかのコルクが,互いに相対的に振動しうるようにバネで結ばれて,容器中の水の表面に浮かんでいる,と想像してみよう.これらのコルクを振動させると,その振動エネルギーはまず水に吸収され,水面上に波動をひき起こす.この波は容器の内壁で反射されるたびに,より小さな波に細分化され,やがて水の粘性のためにそのエネルギーを失う.つまり,最終的にはコルクが静止し,水面上の波動も消える.この実験では,コルクがいつまでも振動していて,そのエネルギーがほとんど水に移らない,ということは決して起こらない.しかし,物体と輻射とが熱平衡にあるときには,まさにこのようなことが起こっているのである.1900 年,プランクは大胆な**エネルギー量子**の仮説を提唱してこの事実を説明し,現代物理学への契機を作った.

[4-2-C]　熱輻射の量子統計力学的取扱い

古典電気力学によると,空洞中の輻射場は数多くの調和振動子の集合系である.また,量子力学によると,振動数 ν の調和振動子は

$$\epsilon_n = (n+1/2)h\nu \quad (n=0,1,2,\cdots) \tag{4.9a}$$

という離散的なエネルギー固有値をとる.ここに h はプランク定数である:

$$h = 6.626 \times 10^{-27} \mathrm{erg} \cdot \mathrm{s}. \tag{4.9b}$$

輻射場のこのようなエネルギー量子を**光子**という.

空洞中の輻射場の熱力学的諸性質は,次のような考え方に基づいて統計力学的に導かれる.まず,この輻射場を構成する数多くの調和振動子は,ほとんど

独立に運動している,と考えることにする.ここに,「ほとんど独立に」という言葉は,統計力学的な用語の一つであり,次のような運動状態を意味している:これら振動子の間には,ある相互作用が働いていて,振動子間のエネルギー交換を保証しているが,この相互作用は十分に弱くて,各振動子の運動が即座に他のものの運動に影響を及ぼすようなことはない.次に,簡単のために,すべての調和振動子は同一の振動数 ν を有するものとする.

そうすると,一つの調和振動子が ϵ_n というエネルギー固有値をとる確率 p_n は,温度 TK において

$$p_n = \exp(-\epsilon_n/kT) \Big/ [\sum_{n=0}^{\infty} \exp(-\epsilon_n/kT)] \tag{4.10}$$

で与えられる(付録Bの [B-3-3] 分節を見よ).ここに k はボルツマン定数である.従って,温度 TK における振動数 ν の調和振動子の平均エネルギーは,

$$\bar{\epsilon}(\nu,T) \equiv \sum_{n=0}^{\infty} p_n\epsilon_n = h\nu/2 + h\nu/[\exp(h\nu/kT)-1] \tag{4.11}$$

と計算される.

振動数区間 $(\nu,\nu+d\nu)$ に含まれる熱輻射のエネルギー密度 $u(\nu,T)d\nu$ を求めるには,(4.11)のほかに,この区間に振動数をもつ調和振動子の個数密度 $g(\nu)d\nu$ を計算しなければならない.付録Bの (B.15b) によると,光子の場合には,その個数密度要素がまず

$$(p^2 dp)(\sin\theta d\theta d\varphi)(dxdydz)/h^3 \tag{4.12}$$

と書かれる.ここに,(p,θ,φ) は光子の運動量 $\boldsymbol{p}$ の極座標成分であり,(x,y,z) はその位置ベクトル $\boldsymbol{r}$ の直角座標成分を表わす.p と ν との間には $p=h\nu/c$ (c は光の速さ)という関係が成り立つので,上式はさらに

$$\nu^2 d\nu d\Omega dv/c^3 \quad (d\Omega = \sin\theta d\theta d\varphi,\ dv = dxdydz)$$

と書き直される.これを立体角要素 $d\Omega$ について積分し,それをさらに2倍して体積要素 dv で割ると,

$$g(\nu)d\nu = (8\pi/c^3)\nu^2 d\nu \tag{4.13}$$

が得られる.この2倍しなければならないことの理由は,電磁波が横波であることによる.すなわち,ある振動数をもってある方向に伝わる横波には,偏りの異なる二つのモードが属しているからである.

[4-2-D] プランクの熱輻射式

式 (4.11) の右辺第一項は，$T=0$ のときの平均エネルギー $\bar{\epsilon}(\nu,0)$（これをゼロ点エネルギーという）を表わしており，輻射の出入りにまったく関係しない．そこで，この項を除くことにすると，(4.11) と (4.13) から

$$u(\nu,T)d\nu = (8\pi h/c^3)\nu^3 d\nu/[\exp(h\nu/kT)-1] \tag{4.14a}$$

が得られる．また，これを波長 λ に換算すると，

$$u(\lambda,T)d\lambda = (8\pi hc)\lambda^{-5}d\lambda/[\exp(hc/\lambda kT)-1] \tag{4.14b}$$

となる．これをプランクの熱輻射式という．

空洞に小さな窓をあけると，そこから色々な波長の電磁波が放射される．そのうち，区間 $(\lambda,\lambda+d\lambda)$ に波長をもつ電磁波は，単位面積・単位時間・単位波長あたり，$(c/4)u(\lambda,T)$ というエネルギーを運ぶ．なぜならば，単位体積中の熱輻射エネルギー (4.14b) のうち，立体角要素 $d\Omega$ の中へ進むものは $(d\Omega/4\pi)u(\lambda,T)d\lambda$ であるから，空洞の小窓の法線と θ の角をなす方向から，単位時間中にこの小窓の単位面積に到達する熱輻射エネルギーは，

$$(c\cos\theta)(d\Omega/4\pi)u(\lambda,T)d\lambda \tag{4.15}$$

で与えられる．これを $d\Omega$ について積分して，それを $d\lambda$ で割ると，上記の結果が得られる．

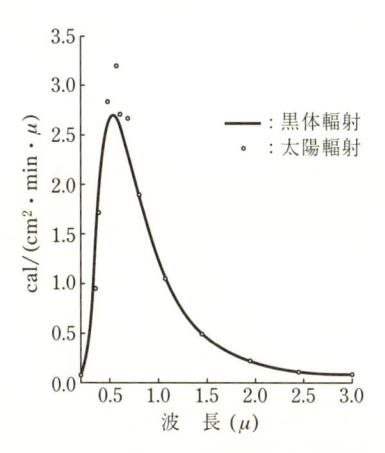

図 4-1　5860K の黒体輻射と太陽輻射．

従って，太陽を半径 r_s の黒体球とみなし，太陽と地球との間の距離を R_s で表わせば，地球大気の最上部に到達する太陽輻射エネルギーは，単位面積あたり $(r_s/R_s)^2 \times (c/4)u(\lambda, T)$ というスペクトル分布をもつ．これを

$$T = 5860\text{K}, \quad r_s = 6.96 \times 10^{10}\text{cm}, \quad R_s = 1.50 \times 10^{13}\text{cm} \quad (4.16)$$

とおいて計算してみると，図 4-1 のような曲線が得られ，小円で示された観測値とかなりよく一致する．この結果は，太陽輻射が黒体輻射であることを，最も直接的に示すものである．

[4-2-E] 熱輻射場のゆらぎ

式 (4.10) と (4.9a) によると，最も出現しやすい状態のエネルギー固有値は ϵ_0 ($n=0$) であり，(4.11) の平均エネルギー $\bar{\epsilon}$ ($n=\bar{n}$) とは異なる．つまり，空洞中の熱輻射場のエネルギーは，その平均値の回りにゆらいでいるのである．いま，この「ゆらぎ」を調べるために，(4.9a) の量子数 n がある瞬間に

$$n = \bar{n} + \Delta n, \quad \overline{\Delta n} = 0 \quad (4.17a)$$

という値をもつ，と仮定してみよう．ここに，$\bar{n}$ は n の平均値であり，$\bar{\epsilon} = (\bar{n} + 1/2)h\nu$ を満足するものである．また，Δn は $\bar{n}$ の回りの「ゆらぎ」を表わしており，その平均値は 0 である．そうすると，

$$\overline{(\Delta n)^2} = \overline{n^2} - \bar{n}^2 \quad (4.17b)$$

という関係式がただちに得られる．

上式の右辺を計算するには，(4.10) を

$$p_n = (1 - e^{-x})e^{-nx}, \quad x \equiv h\nu/(kT) \quad (4.18)$$

と書き直せばよい．そうすると，$\bar{n}$ は

$$\bar{n} = \sum_{n=0}^{\infty} n p_n = (1 - e^{-x})\left[-\frac{d}{dx}\left(\sum_{n=0}^{\infty} e^{-nx}\right)\right] = 1/(e^x - 1) \quad (4.19a)$$

と計算され，$(\bar{n} + 1/2)h\nu = \bar{\epsilon}$ であることが確かめられる．また，$\overline{n^2}$ は

$$\overline{n^2} = \sum_{n=0}^{\infty} n^2 p_n = (1 - e^{-x})\left[\frac{d^2}{dx^2}(1 - e^{-x})^{-1}\right]$$
$$= (e^x + 1)/(e^x - 1)^2 \quad (4.19b)$$

と計算されるので，(4.17b) から次式が導かれる：

$$\overline{(\Delta n)^2} = \bar{n} + \bar{n}^2. \tag{4.20}$$

これは，プランクとアインシュタインによって発見された有名な式であり，量子数 n の「ゆらぎ」がその平均値 $\bar{n}$ の二次関数として表わされることを，示したものである．

結局，低振動数 ($h\nu \ll kT : x \ll 1$) の場合には，

$$\bar{n} \simeq 1/x \gg 1, \quad \overline{(\Delta n)^2} \simeq \bar{n}^2 \gg 1 \tag{4.21a}$$

となるので，ϵ_n のゆらぎを $\Delta \epsilon$ とすれば，

$$\bar{\epsilon} = \bar{n}h\nu \simeq kT, \quad \overline{(\Delta \epsilon)^2} \simeq \bar{\epsilon}^2 \simeq (kT)^2 \tag{4.21b}$$

と得られる (すでに述べたように，ゼロ点エネルギー $h\nu/2$ は輻射の出入りに全く関係しないので，$\epsilon_n = nh\nu$ としても一向にさし支えない)．つまり，低振動数の場合には，平均エネルギー $\bar{\epsilon}$ と同程度の大きさのゆらぎが起こるのである．一方，高振動数 ($h\nu \gg kT : x \gg 1$) の場合には，

$$\bar{n} \simeq e^{-x} \ll 1, \quad \overline{(\Delta n)^2} \simeq \bar{n} \ll 1 \tag{4.22a}$$

となるので，次のような関数式が得られる：

$$\bar{\epsilon} = \bar{n}h\nu \ll h\nu, \quad \overline{(\Delta \epsilon)^2} \simeq \bar{n}(h\nu)^2 = \bar{\epsilon}h\nu \gg \bar{\epsilon}^2. \tag{4.22b}$$

つまり，高振動数の場合には，量子効果のために，$\bar{\epsilon}$ よりはるかに大きなゆらぎが起こるのである．

4-3．ブリルアンの量子統計力学的理論[17]

[4-3-A] ブリルアンの考え方

第 4-1 節で詳しく述べたように，シラードは，図 2-2 の場合の識別過程 (2) において，エントロピー発生が必ず起こるに違いないと考え，この場合の全作業過程が熱力学第二法則を満足するように定式化を行なって，このエントロピー発生を定量的に表現する不等式 (2.4a) を導いた．しかし，彼はその起源について何ひとつ言及しなかったので，ブリルアンは，この識別過程においてマクスウェルのデモンがいかなる測定を行なわなければならないか，その具体的な方

法を量子統計力学的に検討して，情報入手に伴うこの不可避のエントロピー発生の起源を，定量的に明らかにしたのである．

まず，ブリルアンは次のように考えた：図2-2の容器は温度 T の熱浴に浸っているので，その隔壁上の小窓の所には，2種類の輻射エネルギーが到達するはずである；一つは (4.14b) の $u(\lambda,T)$ が気体分子とまったく相互作用せずにそのまま小窓に到達する ((4.15) の所で得られた $(c/4)u(\lambda,T)$ に相当する) ものであり，もう一つは $u(\lambda,T)$ が気体分子によって散乱されてから到達するものである；すでに学んだように，この $u(\lambda,T)$ （単位波長あたりの熱輻射エネルギー密度）は，(4.11) の $\bar{\epsilon} = \bar{n}h\nu$ に起因するものであるが，(4.21b)・(4.22b) によれば，ϵ は $\bar{\epsilon}$ の回りに少なくとも $\bar{\epsilon}$ 程度の「ゆらぎ」を伴っている；従って，かりに気体分子によって散乱された光子が，ν と異なる振動数 ν' をもっていたとしても，デモンは，これらの光子と $(c/4)u(\lambda,T)$ によるものとの違いを判定できないはずである．そこでブリルアンは，デモンは「懐中電燈」（正確にいえば外部光源）で気体分子を照らして，その位置を確認しなければならない，と考えたわけである．

[4-3-B]　量子数 n に関する中位数の導入

次に，ブリルアンは (4.9a) の量子数 n について，下記のような中位数という量を導入した．すなわち，ある正の整数 q について，(4.9) の調和振動子が $n \geq q$ または $n < q$ の量子数をもつ確率を，それぞれ

$$P(\geq q) \equiv \sum_{r=q}^{\infty} p_r = e^{-qx}, \quad P(<q) \equiv \sum_{r=0}^{q-1} p_r = 1 - e^{-qx} \qquad (4.23)$$

と計算し ((4.18) を見よ)，$P(<m) = P(\geq m)$ を満足する量子数 m を「**中位数**」と定義したのである．つまり，

$$e^{-mx} = 1/2, \quad mx = \log 2 \qquad (4.24a)$$

であり，従って ϵ_m は次のように得られる：

$$\epsilon_m = mh\nu = kT \log 2. \qquad (4.24b)$$

量子数 n の平均値 $\bar{n}$ は，すでに (4.19a) のように計算されているが，$n \geq q$ の状態に対する平均量子数 $\bar{n}(\geq q)$ は，

$$\bar{n}(\geq q) = \sum_{n=q}^{\infty} n p_n \Big/ P(\geq q) = q + \bar{n} \qquad (4.25a)$$

と得られる．また，$n < q$ の状態に対する平均量子数 $\bar{n}(<q)$ は，

4-3. ブリルアンの量子統計力学的理論

$$P(<q)\bar{n}(<q) + P(\geq q)\bar{n}(\geq q) = \bar{n}$$

という関係式から，次のように求められる：

$$\bar{n}(<q) = \bar{n} - q/(e^{qx} - 1). \tag{4.25b}$$

従って，q が中位数 m である場合には，

$$\bar{n}(\geq m) = \bar{n} + m, \quad \bar{n}(<m) = \bar{n} - m \tag{4.26}$$

と得られる．

[4-3-C] 低振動数の共振子による光子の測定

中位数 m が 1 より大きくなる条件は，(4.24a) によって

$$m = \log 2/x \simeq 0.7/x > 1 \tag{4.27}$$

である．そこでまず，$x \ll 1$ という低振動数の場合を，(4.21) に基づいて考えてみると，

$$\bar{\epsilon} \equiv \bar{n}h\nu \simeq kT, \quad \bar{n} > m \gg 1 \tag{4.28}$$

という関係式が得られる．

さて，$q < \bar{n}$ の場合について，$n(\geq q)$ 個の $x \ll 1$ の光子に相当するエネルギーを，低振動数の共振子（正確にいえば低振動数の光子を検出できる装置）で測定したとしよう．(4.23) によると，このエネルギーが熱輻射のみに由来するものである確率は $P(\geq q)$ である．一方，測定用の共振子が熱輻射場から $n(<q)$ 個の光子を受けとり，さらに別の外部光源である「懐中電燈」からいくつかの光子を受容して，その結果 q より上のエネルギー準位に達する確率は $P(<q)$ である．もしこれら二つの確率が等しいとするならば，すなわち測定の信頼度が 50% でよいとするならば，q の値として中位数 m をとらなければならない．

また，$n \geq q$ 個の光子が熱輻射のみに由来するものである場合には，共振子の吸収したエネルギーの平均値が，(4.25a) によって

$$\bar{n}(\geq q)h\nu = (\bar{n} + q)h\nu$$

となる．一方，q 個の光子が「懐中電燈」に由来するものである場合にも，熱輻射の平均エネルギー $\bar{n}h\nu$ に，この過剰なエネルギー $qh\nu$ が加わるので，やはり $(\bar{n} + q)h\nu$ となる．

言うまでもなく，共振子が吸収した光子のエネルギーは，摩擦・粘性・ジュール熱などによって散逸され，最終的に温度 T の熱浴によって吸収される．そのうち，熱浴のエネルギーを実際に増加させるものは，「懐中電燈」に由来するエネルギーだけである．従って，測定の信頼度が50％でよいとする $q = m$ の場合には，熱浴のエントロピー増加が，(4.24b) によって

$$\Delta S = mh\nu/T = k\log 2 \qquad (4.29a)$$

となる．これは測定に対して支払われる代償の最小値であり，測定の信頼度を50％以上に上げた $q > m$ の場合には，

$$\Delta S = qh\nu/T > k\log 2 \qquad (4.29b)$$

となる．

[4 - 3 - D]　高振動数の共振子による光子の測定

最後に，高振動数の光子 $h\nu > kT$ を放射する「懐中電燈」を用いて，気体分子の存在箇所を検出する場合を考えてみる．まず，$h\nu = kT\ (x = 1)$ の場合について，$\bar{n}$ および m の値をそれぞれ (4.19a) および (4.24a) から算出してみると，$\bar{n} \simeq 0.6$ および $m \simeq 0.7$ と得られる．従って，$x > 1$ の場合には，

$$\bar{n} < 0.6, \quad m < 0.7 \qquad (4.30)$$

という関係式が得られる．この $x > 1$ の光子を熱輻射の背景から厳密に区別できるためには，それと同じ振動数をもつ熱輻射が存在していてはいけない．また，この条件が満たされているならば，気体分子の存在はそれが少なくとも1個の光子 $h\nu$ を散乱した場合に測定にかかる．

このような場合，共振子による1個の光子 $h\nu$ の吸収が50％の信頼度で検出されるためには，つまりこの光子が熱輻射に由来するものである確率が50％であるためには，$P(\geq 1) = P(< 1)$ すなわち $m = 1$ でなければならない．すなわち，(4.24a)・(4.19a) によれば，

$$x = \log 2 \quad 従って \quad m = 1 = \bar{n} \qquad (4.31)$$

であり，中位数 $m = 1$ と平均値 $\bar{n}$ とが一致して，気体分子による1個の光子 $h\nu$ の散乱が，50％の信頼度で測定されることになる．

この1個の光子のエネルギー $h\nu$ が散逸され，最終的に温度 T の熱浴によっ

て吸収されると，熱浴のエントロピー増加は $\Delta S = k\log 2$ となる（(4.29a) を見よ）．また，上記の測定の信頼度を 50% 以上にするためには，$P(<1) > P(\geq 1)$ すなわち $x > \log 2$ としなければならないので（(4.23) を見よ），その際のエントロピー増加はやはり $\Delta S > k\log 2$ となる（(4.29b) を見よ）．

4-4．一般化されたカルノーの原理

[4-4-A]　「負エントロピー」導入の経緯

いかなる物質系の場合にも，その熱力学的状態およびその変化の方向は，エントロピーという根本的な物理量によって規定されている．統計力学の建設者であったボルツマンは，言うまでもなくこの論理をよく理解していたので，エントロピーと生体とのかかわりについて，次のように考えたわけである：生物体のあらゆる原物質（生体構成物質の原料）は，空気・水・土壌の中に，あり余るほど存在している；またエネルギーも，熱の形で，どのような物質にも豊富に含まれている；しかし，残念なことに，この熱を仕事に転化することはできない；従って，生物体が行なっている生活との戦いは，原物質やエネルギーのためのものではなく，すべてエントロピーのためのものである．[1]

実は，シュレーディンガーも，このボルツマンと同様の問題を提起して，生体とエントロピーとのかかわりに対する彼の見解を展開したのである．すなわち，彼は彼の著作『生命とは何か』の第 6 章において，まず次のように自問した：生体はどのようにして，崩壊することから免れているのであろうか；わかり切った答をするならば，物質代謝（英語では metabolism，ドイツ語では Stoffwechsel）である；この言葉の語源はギリシャ語の $\mu\epsilon\tau\alpha\beta\alpha'\lambda\lambda\epsilon\iota\nu$ であり，変化とか交換を意味するが，いったい何を交換するのであろうか；成熟した生体ではエネルギー含有量が物質含有量と同じくほぼ一定であり，しかもどのようなカロリーであっても，その値打ちは他のカロリーと同じであるから，単なる交換だけではいかなる利益も得られないはずである．[2]

そしてシュレーディンガーは，彼自身が提起したこの問題に対する彼の考え方を，次のような順序で説明したのである：[2]

(1)　生体は，その環境から「秩序」を絶えず吸収することによって，その生命を維持している．

(2)　エントロピーに負の符号を付けたものは，この「秩序」の大小の目安と考えられるので，生体は負エントロピーを食べて生きている，と言える．

(3)　このことをもう少し逆説らしくなく表現するならば，物質代謝の本質は，生体がその生命を維持するために作り出さざるをえないエントロピーを，全部うまい具合に体外へ放出するところにある，ということである．

[4-4-B]　「負エントロピー」に対するシュレーディンガーの真意

しかし，負エントロピーという言葉を用いたこのシュレーディンガーの説明は，「我々が食べているのはカロリーではなくて，負エントロピーである」と誤解され，彼の仲間の物理学者たちによって大いに批判された．そこで彼は，『生命とは何か』の第二版(1945年)を出版するときに，その第6章に次のような注をつけ加えたのである:[2]

(a)　負エントロピーに関する私の議論は，仲間の物理学者たちから疑義や反駁をうけた．
(b)　「エントロピーに負の符号を付けたもの」は，私の創作ではなく，ボルツマンが初めて論じたものと，たまたま同じであるにすぎない．
(c)　エネルギーは，我々の身体を動かす機械的エネルギーを補給するためばかりでなく，我々が周囲に放出する熱を補うためにも必要である．
(d)　しかも，我々が熱を放出するのは，決して偶然的なことではなく，なくてはならない本質的なことである．なぜならば，まさにそうすることによって，我々がたえず作り出さざるをえないエントロピーを，処分しうるからである．

さて，我々はここで次の二つの点に注意しなければならない．一つは，「物質代謝の本質」に関する前記の要項(3)が，「もう少し**逆説らしくなく表現する**ならば」という前置きの後に述べられていることであり，もう一つは上記の注釈(d)において，この要項(3)の内容が，再び強調されていることである．つまり，「負エントロピーを食べて生きている」と言ったシュレーディンガーの真意は，「エントロピーを処分する機構が存在する」ことを，あくまでも逆説的に強調するところにあったのである．

[4-4-C]　マクスウェルのデモンに対するブリルアンの考え方

第4-3節で述べたブリルアンの考察では，デモンが「懐中電燈」・「共振子」を用いてある光学的測定を行ない，気体分子の存在箇所に関する情報を獲得している．つまり，ブリルアンは，デモンが行なう気体分子の存在箇所の識別を，ある物理的測定による情報獲得と考えて，その信頼度の代償とも言うべきエントロピー発生を論じ，シラードが言及しなかったこの発生の起源を，具体的に

4-4 一般化されたカルノーの原理

明らかにしたのである．このブリルアンの理論によると，シラードのモデルの場合，デモンが気体分子の存在箇所について情報を入手する過程で，シラードの不等式 $\Delta S \geq k\log 2$（(2.4b) を見よ）を満足するエントロピー ΔS が，たしかに発生する．

そこで，ブリルアンはシュレーディンガーが逆説的に用いた負エントロピーという言葉の意味を重視して，その受容・変換・伝達に注目し，マクスウェルのデモンの問題に対する彼の見解を，次のように説明した．まず，デモンが「懐中電燈」を用いて，温度 T の熱輻射場の中を照らし出すためには，そのフィラメントの温度 T_1 が，T より高くなければならない $(T_1 > T)$．また，「懐中電燈」の電池が，エントロピーを発生させることなしに，エネルギー E を放射し得るならば，「懐中電燈」におけるエントロピー変化は $\Delta S_\mathrm{f} = -E/T_1$ となり，この負エントロピーが気体系の中に放出されることになる．さらに，デモンの干渉がなければ，このエネルギー E は気体分子の存在箇所の識別にまるまる利用され，最終的に温度 T の熱浴に吸収されて，そのエントロピーを $\Delta S = E/T$ だけ増大させるであろう．つまり，「懐中電燈」・熱浴の系におけるエントロピー変化は，$\Delta S_\mathrm{f} + \Delta S \geq 0$ となり，熱力学第二法則を満足する．また，このエントロピー増加 ΔS は，前節で明らかにされたように，$\Delta S \geq -\Delta S_\mathrm{f} = k\log 2$ という不等式をも，確かに満足する（例えば (4.29b) を見よ）．

次に，デモンは上記の負エントロピー ΔS_f を利用して，気体分子の存在箇所に関する情報量

$$\Delta I_k = -\sum_{j=1}^{2} p_j \log p_j > 0, \quad p_j = V_j/V$$

を獲得し（(2.5) を見よ），この ΔI_k に基づいて隔壁を挿入し，気体系の負エントロピーを $\Delta s\,(= -\Delta I_k < 0)$ だけ増大させて，それを外部に対する仕事 $W\,(= -T\Delta s)$ に転化する（(4.4a) を見よ）．つまり，「負エントロピー状態」にある気体系は，外部に対して仕事を行なえるわけである．

結局，以上の全作業過程についてエントロピー収支を決算してみると，ΔI_k は $p_1 = p_2 = 1/2$ のときに最大値 $k\log 2$ をとるので（[3-2-A] 分節を見よ），シラードの基本方程式 (4.5) のみならず，ブリルアンの不等式（(2.6b) と (2.7a) を見よ）も成り立っていることがわかる：

$$\Delta S \geq -\Delta S_\mathrm{f} = k\log 2 \geq \Delta I_k = -\Delta s.$$

また，$\Delta N_\mathrm{g} \equiv -\Delta S$，$\Delta N_\mathrm{i} \equiv \Delta I_k$ と定義すると，ブリルアンが**一般化されたカルノーの原理**と呼んだ不等式 $\Delta(N_\mathrm{g} + N_\mathrm{i}) \leq 0$ も導かれる（(2.7b) を見よ）．

[4-4-D] 「負エントロピー」伝達と情報との関係

マクスウェルのデモンの問題に対して,上記のような見解を示したブリルアンは,負エントロピーという量の受容・変換・伝達に注目して,この量を重視する彼独自の情報理論を組み立てたわけであるが,その骨子は,一般に負エントロピーと情報が図4-2に示した方式に従って変換されることを,積極的に定式化したところにある.

まず,図4-2における ⓐ の過程は,情報(その情報量 I_k は物理単位で表わされるものとする)を入手するための測定過程であり,N_a という量の負エントロピーが消費されて,情報量 I_k が獲得されることを示している.つまり,測定によって情報を得るためには,負エントロピーの消費が必要であることを,積極的に表現しているわけである.次に,ⓑ の過程は,獲得した情報を利用して,その情報量 I_k を再び N_b という量の負エントロピーに変換するための制御過程であり,負エントロピーの生成にはやはり情報が必要であることを示している.

「一般化されたカルノーの原理」によると,図4-2の場合には,$N_a \geq -I_k \geq N_b$ という不等式が常に成り立つ.つまり,測定装置をも含めた全体系のエントロピー変化 ΔS_t は,$\Delta S_t = N_a - N_b \geq 0$ となり,熱力学第二法則を確かに満足するわけである.

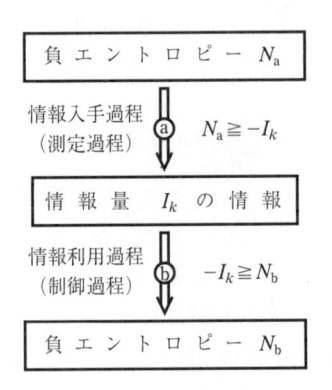

図4-2 **負エントロピーと情報との間の変換方式.**

4-5. 情報入手に伴うエントロピー発生の一般的現象論

[4-5-A] 情報に対する生命物理学の理論的視点

　すでに第2-1節で触れたように，情報という言葉は現在ちまたに氾濫しているが，その本質は必ずしも正確に理解されていない．このような状況は，残念ながら基礎生物学の分野においても見られ，そこでは情報という言葉がごく日常的な意味で用いられているにすぎない．その理由は，従来の基礎生物学が生命現象をおもに物質・エネルギーの両側面から研究してきたところにあり，エントロピーという最も基本的な物理量の役割については，その重要性がほとんど無視されてきたように思われる．

　このような事態は，現代社会がこれまで信奉してきた「物質・エネルギー万能主義」と，けっして無縁ではない．例えば，ある巨視的物質系の性質・機能について，我々がこれまで行なってきた研究では，我々はその物質系の実体的構造に注目して，その変化とエネルギーの流入・変換・流出との関連性をおもに解析してきたが，この物質・エネルギーの動態を規定しているエントロピーの法則については，ほとんど注意を払ってこなかった．言うまでもなく，エントロピーとは，あらゆる巨視的物質系（正確にいえば熱力学的体系）のエネルギー状態およびその空間的・時間的変化の方向を規定する，最も根本的な物理量である．

　従って，こんごの生命物理学は，さらに生体系におけるエントロピーの流れにも注目して，それと物質・エネルギーの流れとの密接な関連性を探求し，生命現象の本質に肉迫しなければならない．すなわち，より具体的にいえば，生体系で見られる一方向性の物質転換・エネルギー変換・情報伝達の機構を，エントロピーの流入・変換・流出に注目して解析し（あるいは見つめ直し），その「不可逆性」の実体的構造と「絶対的不可逆性」の生命現象とが，いかなる論理によって結び付けられているかを，解明しなければならないのである．

　さて，このような研究を出発させる際に，我々が第一に注意すべきことは，情報伝達という言葉があくまでも現象論的なものにすぎない，ということである．なぜならば，生体内のある情報伝達過程に注目して，情報が一つの段階からその次の段階へ伝達される現象を分子のレベルで眺めてみると，そこには化学物質の離合・集散や電磁場の形成・崩壊（すなわち実体的構造の変化）が見出されるだけであり，情報という名札を付けたものは，何ひとつとして見当たらないか

らである.つまり,情報はあくまでも物質・エネルギーの流れの中に潜んでいるものであり,この流れを支えている実体的構造にある特定の変化を与えるという,その重要な役割を漠然と表現しているにすぎないのである.しかし,ここで注意すべきことは,この情報の役割が,やはり物質・エネルギーの流れによって運ばれるエントロピーの役割と,まったく同じである,ということである.

本章におけるこれまでの説明から明らかなように,ブリルアンは上記のような観点に立って彼独自の情報理論を建設し,その結果次の三つの結論に到達したのである:

(1) 情報とエントロピーは,同一のカテゴリーに属する概念である;
(2) ある物質系が担っている物理単位の情報量は,その系が情報を入手したことによるエントロピー減少の大きさを表わしている;
(3) しかも,その情報入手の過程では必ずエントロピー発生が起こり,その大きさは上記のエントロピー減少を上回らなければならない(ブリルアンはこの法則を**一般化されたカルノーの原理**と呼んだ).

第二に,我々はブリルアンが重視した「負エントロピー」の実体について,注意しなければならない.なぜならば,すでに[1-2-C]分節で指摘したように,それは始状態から終状態に至るまでの過程について,そのエントロピー収支の決算を考えたときに初めて判明するものであり,決して当初から「負エントロピー」の放出・伝達が歴然としているわけではないからである.例えば,シュレーディンガーの「時計仕掛け」機構の場合にも,そこでのエントロピーの収支決算が不等式 (1.1) を満足しなければならない,と彼は主張したのである.従って,生体系における一方向性の物質転換・エネルギー変換・情報伝達の機構を探求する場合,我々はその不可逆系の実体的構造が実際に不可逆サイクルを成しているかどうかを解析して,彼の「時計仕掛け」仮説の是非を解明しなければならないのである.

[4-5-B]　情報入手とはエントロピーの流入・発生である[18]

さて,上記の情報とエントロピーとの関連性を簡潔に理解するために,「情報入手」という言葉で表現される現象の本質が,「エントロピーの流入・発生」であることを,一般的に明らかにしてみよう.

まず,N 個の同一な分子からなる受容系が,外部からの刺激情報を信頼度 a の方法で入手するものとし,簡単のために各分子が二つの状態(基底状態 Ψ_1 と励起状態 Ψ_2)のみを取りうると仮定する.次に,外部刺激の作用のもとで熱平衡状態に達したこの受容系には,状態 Ψ_j に見出される分子が N_j 個存在する

4-5. 情報入手に伴うエントロピー発生の一般的現象論

と想定して,そのエントロピー S を,ボルツマンの原理

$$S = k\log[N!/(N_1!N_2!)] \tag{4.32a}$$

に従い,かつスターリングの近似式

$$\log(N!) \approx N(\log N - 1), \quad N \gg 1 \tag{4.32b}$$

を用いて,次のように表わす:

$$S \approx k\left(N\log N - \sum_{j=1}^{2} N_j \log N_j\right). \tag{4.32c}$$

ここに k はボルツマン定数である.

さらに,熱平衡に達したこの受容系中の分子が状態 Ψ_j に見出される確率

$$p_j = N_j/N \quad (j=1,2) \tag{4.33a}$$

を用いて,N 個の分子のうち m 個が Ψ_1 にあり,かつ残りの $(N-m)$ 個が Ψ_2 にある確率を,

$$p(m, N-m) \equiv \{N!/[m!(N-m)!]\}p_1^m p_2^{N-m} \tag{4.33b}$$

と表わす.そうすると,この確率は次式を満足する:

$$\sum_{m=0}^{N} p(m, N-m) = (p_1 + p_2)^N = 1. \tag{4.33c}$$

従って,少なくとも一つの分子が励起状態 Ψ_2 に見出される確率は,次のように求められる:

$$\sum_{m=0}^{N-1} p(m, N-m) = 1 - p_1^N. \tag{4.33d}$$

結局,刺激情報の入手が信頼度 a で行なわれるための条件は,上式から $1-p_1^N = a$ と得られる.ここに,例えば $a=0.5$ は,情報入手の信頼度が 50% であることを意味している.つまり,p_1 は条件

$$p_1 = (1-a)^{1/N} \tag{4.34a}$$

を満足しなければならない.この場合,(4.33a) から

$$N_1 = N(1-a)^{1/N}, \quad N_2 = N - N_1 \tag{4.34b}$$

と得られるので,(4.32c) は次のように書き直される:

$$S_a = S_a^{(1)} + S_a^{(2)} ;$$

$$S_a^{(1)} = kN_2 \log(N_1/N_2), \quad S_a^{(2)} = k\log[1/(1-a)]. \qquad (4.34c)$$

[4-5-C]　結果の吟味

　ここで，(4.34c) の右辺第一項 $S_a^{(1)}$ の意味を理解するために，注目している受容系が，ある物質によって運ばれてきた刺激情報を入手して，温度 T_e の熱平衡に達した，と想定してみよう．この場合，状態 Ψ_j のエネルギー固有値を E_j とすると，N_j は $\exp(-E_j/kT_e)$ に比例するので，$S_a^{(1)}$ は

$$S_a^{(1)} = N_2(\Delta E/T_e), \quad \Delta E \equiv E_2 - E_1 \qquad (4.35a)$$

と書き直される．すなわち，当該受容系の体積が一定と考えられる場合，$\Delta E/T_e$ は，その系の内部エネルギーが外部刺激によって ΔE だけ増加したことによるエントロピー増加であるから（付録 A の (A.45a) を見よ），上記の $S_a^{(1)}$ は，外部から受容系へ流入したエントロピーが，励起された分子1個あたり $\Delta E/T_e$ であることを示しているわけである．

　なお，(4.35a) の妥当性を確かめるために，その一例として，刺激情報をはこぶ物質が温度 T_e の熱輻射場に由来する光子であり，しかもその受容系が熱輻射場と熱平衡にある場合を考えてみると，二つのエネルギー状態だけをもつ光受容分子は，振動数 $\Delta E/h \equiv \nu$ の光子のみを選択的に吸収するので，(4.35a) は

$$S_a^{(1)} = N_2(h\nu/T_e)$$

と書き直されるわけであるが，この結果は我々が以前に得たものと完全に一致している．[19)]

　一方，(4.34) の右辺第二項 $S_a^{(2)}$ は，刺激情報を入手する方法の信頼度 a に依存して，エントロピー発生が起こることを示すものである．例えば，$a = 0.5$（すなわち信頼度が50％）であるときには，

$$S_{0.5}^{(2)} = k\log 2, \quad k = 1.381 \times 10^{-16} \text{erg/K} \qquad (4.36)$$

となり，シラード[9)] やブリルアン[17)] の結果と一致する．一般に，$S_a^{(2)}$ は，情報を入手した物質系が熱力学第二法則に矛盾しないことを保証するものである．本章の前半で詳しく述べたように，彼らは，周知のパラドックス「マクスウェルのデモン」を解決するために，(4.36) のエントロピー発生を提唱したのである．

4-6. 光受容に伴う視物質系でのエントロピー発生[18]

[4-6-A] 分子論的な定式化

　本章における我々の最後の問題は，具体的な情報入手の一例として，視細胞外節中の視物質系が光を吸収する場合に着目し，光で励起される視物質の個数の時間変化，およびこの視物数の変化によるエントロピーの時間変化を計算して，(4.34c) の $S_a^{(2)}$ に相当するエントロピーが確かに発生することを，分子論的に明らかにすることである．

　いま，N 個の同一な視物質からなる体系を考え，簡単のために各視物質発色団の電子系は二つの状態（基底状態 Ψ_1 と励起状態 Ψ_2）のみを持つものと仮定して，それらのエネルギー固有値をそれぞれ E_1 および E_2 とする．また，時刻 t において基底状態 Ψ_1 にある視物質発色団の個数を $N_1(t)$ とすると，各発色団は振動数 $\nu = (E_2 - E_1)/h$ (h はプランク定数) の光子を吸収して，Ψ_1 から Ψ_2 へ遷移し得るので，単位時間中に遷移 $\Psi_1 \to \Psi_2$ を起こす発色団の個数 $N_{21}(t)$ は，その状態遷移確率 β を用いて次のように表わされる：

$$N_{21}(t) = \beta N_1(t). \tag{4.37}$$

　さらに，視物質発色団の遷移能率は，光の入射方向に垂直な平面の上にあるものとし，かつその平面上で乱雑な配向を示すものとする．そうすると，(4.37) の中の β は，

$$\beta = (4\pi^3/h^2 c)|\boldsymbol{P}_{21}|^2 I_{\mathrm{p}}(\nu), \quad \boldsymbol{P}_{21} \equiv \langle \Psi_2 | \boldsymbol{P} | \Psi_1 \rangle \tag{4.38}$$

と求められる．ここに c は光の速さを表わす；$\boldsymbol{P}_{21}$ は遷移能率である；$\boldsymbol{P}$ は発色団の全電気双極子能率を表わす；$I_{\mathrm{p}}(\nu)$ は視物質系に入射した光エネルギーの強度分布である．この式の妥当性は，次のようにして確かめられる．いま，光の入射方向に対する遷移能率の配向に注目してみると，その分布が2次元的または3次元的に乱雑である場合には，それぞれ1/2または1/3の配向因子が考慮されなければならない．従って，(4.38) に2/3を乗ずるならば，3次元的に乱雑な場合の状態遷移確率が得られるはずであるが，(4.38) はこの要件を確かに満たしている．

　一方，励起状態 Ψ_2 にある発色団は，振動数 ν の光子を放出したり，あるいは11シス形から全トランス形へ非断熱的に異性化して，基底状態 Ψ_1 へ遷移し

うる．言うまでもなく，$\boldsymbol{P}_{12} = \boldsymbol{P}_{21}$ であるので，前者の光放出による状態遷移確率は，(4.38) の β とまったく同じである．従って，後者の光異性化による状態遷移確率を α とし，かつ時刻 t において励起状態 Ψ_2 にある発色団の個数を $N_2(t)$ とすれば，単位時間中に遷移 $\Psi_2 \to \Psi_1$ を起こす発色団の個数 $N_{12}(t)$ は，次のように表わされる：

$$N_{12}(t) = (\alpha + \beta)N_2(t). \tag{4.39}$$

さて，一般に低濃度の均一な気体系や溶液系の場合には，その光吸収量が体系中の光受容分子の個数によって決まり，その希釈度にはよらない．これを**ランバート・ベールの法則**という．そこで，我々はこの法則が視物質系の場合にも成り立つものとして，$N_2(t)$ に対する微分方程式を，

$$dN_2/dt = N_{21} - N_{12} = \beta N - (\alpha + 2\beta)N_2, \quad N_1 + N_2 = N \tag{4.40}$$

と表わす．そして，視物質系は時刻 $t < 0$ において温度 T の熱平衡状態にあり，$t = 0$ において光の作用を受け始めるものとする．また，$t = 0$ における N_1 および N_2 の値は，それぞれ

$$N_1(0) = N, \quad N_2(0) = 0 \tag{4.41a}$$

と仮定される．なぜならば，

$$\lambda = c/\nu = 500\text{nm}, \quad T = 300\text{K} \tag{4.41b}$$

ととれば，$h\nu/kT \simeq 96.1$（k はボルツマン定数である）となり，$N_2(0)/N_1(0) = \exp(-h\nu/kT)$ が非常に小さな値を示すからである．そうすると，方程式 (4.40) の解は初期条件 (4.41) に基づいて，

$$N_2(t) = [N\beta/(\alpha + 2\beta)]\{1 - \exp[-(\alpha + 2\beta)t]\} \tag{4.42}$$

と求められる．

結局，$(N, N_1, N_2) \gg 1$ である場合には，光吸収によって時間 t とともに変化する視物質系のエントロピー $S(t)$ が，ボルツマンの原理 (4.32a) に従い，かつスターリングの近似式 (4.32b) を用いて，次のように表わされる：

$$S(t) = k \log[N!/(N_1!N_2!)]$$

$$\simeq kN_2(t)\log[N_1(t)/N_2(t)] + kN\log[N/N_1(t)]. \tag{4.43a}$$

4-6. 光受容に伴う視物質系でのエントロピー発生　　　　　　　　　　57

また，$(N, N_1) \gg 1$ および $N_2/N \ll 1$ である場合には，$(N_2/N)^2$ 程度の寄与を無視して，

$$S(t) \simeq kN_2(t)\log[N_1(t)/N_2(t)]$$
$$+ k\{N_2(t)\log N_2(t) - \log[N_2(t)!]\} \qquad (4.43b)$$

と表わされる．言うまでもなく，(4.43a) および (4.43b) の右辺第一項 (第二項) は，(4.34c) の $S_a^{(1)}$ ($S_a^{(2)}$) に対応するエントロピーである．

[4-6-B]　パラメトリゼーション

まず，N のパラメトリゼーションについて考えてみよう．昔へヒトらは，約500個の桿体細胞が存在する網膜周辺部に，波長510nm のフラッシュ光を0.001秒間照射して，光感覚の閾値 (すなわち光感覚が生ずるのに必要な最小光量子数) を，心理学的に実験してみた．[20] その結果によると，網膜に到達する光量子数が54〜148の間にあった場合に，被験者は「見えた」と感じることができた．また，彼らの計算によると，この54〜148という個数は，実際に桿体細胞によって吸収される光量子数が5〜10であることを示すものであり，しかも一つの桿体細胞が二つの光量子を吸収する確率は，この閾値の所で5％にすぎない．そこで彼らは，光感覚の閾値では5〜10個の桿体細胞がそれぞれ一つの光量子を吸収する，と結論した．

ところで，1個の桿体細胞外節の中には数千枚のディスクがあり，しかも1枚のディスクの中には数百万個の視物質が存在している．[21] 従って，500個の桿体細胞は，10^{12} 程度の個数の視物質を有するものと考えられる：

$$O(N) = 10^{12}. \qquad (4.44)$$

次に，α について考えてみると，視物質の発色団レチナールは可視光を吸収して，11シス形から全トランス形へ異性化するわけであるが，この光異性化に要する時間 T_p は，Kikuchi らによって $1\text{ps} \leq T_p < 10\text{ps}$ と計算されている．[22] しかし，視物質の蛋白部分オプシンのなかにエントロピー発生が起こるまでには，この T_p の数倍程度の時間がさらに必要であるので，α^{-1} の値は50ps 程度のものと考えられる：

$$O(\alpha) = 10^{10}\text{s}^{-1}. \qquad (4.45)$$

第三に，β のパラメトリゼーションについて考えてみる．まず，(4.38) の β は，(Ψ_1, Ψ_2) 間の遷移確率に関する振動子強度 f を用いて，

$$\beta = (3\pi e^2 f/2mch\nu)I_\mathrm{p}(\nu) \qquad (4.46a)$$

と書き直される．そこで，視物質が波長 500nm の可視光を選択的に吸収する場合の振動子強度 f を，Sugimoto らの視物質発色団モデルおよび INDO-CI 法に従って計算してみると，

$$f = 1.389 \qquad (4.46b)$$

という結果が得られる．[23] 次に，この視物質発色団について，アインシュタインの自然放出係数

$$A = (64\pi^4/3hc^3)\nu^3|\boldsymbol{P}_{12}|^2 = (8\pi^2 e^2/mc)\lambda^{-2}f \qquad (4.47a)$$

を計算してみると，次のような値が得られる：

$$A = 3.707 \times 10^8 \mathrm{s}^{-1}. \qquad (4.47b)$$

つまり，視物質発色団が孤立している場合，その励起状態は 3×10^{-9}s 程度の寿命をもつわけである．

第四に，$I_\mathrm{p}(\nu)$ の最小値について考えてみる．まず，ヘヒトらの心理学的実験に注目して，約 500 個の桿体細胞がしめる面積を 1.0×10^{-4}cm^2 と見つもり，[24] かつ 0.001s の間にこの面積に入射した波長 510nm の光量子の個数を 10 とする．そうすると，桿体細胞系に入射しうる輻射エネルギーの総量について，その最小値 E_min が

$$E_\mathrm{min} = 3.894 \times 10^{-4} \mathrm{erg}/(\mathrm{cm}^2 \cdot \mathrm{s}) \qquad (4.48)$$

と算定される．次に，(4.47) に基づいて，$\lambda = 510$nm の場合のアインシュタイン自然放出係数 $[A]_{510}$ を算出してみると，

$$[A]_{510} = 3.563 \times 10^8 \mathrm{s}^{-1} \qquad (4.49a)$$

と得られる．従って，波長 510nm のフラッシュ光のスペクトル曲線は，振動数表示において，少なくとも

$$\gamma = [A]_{510}/(2\pi) = 0.5670 \times 10^8 \mathrm{s}^{-1} \qquad (4.49b)$$

と同程度の半値幅をもつものと推定される．

そこで，ローレンツ型の光吸収スペクトル曲線を仮定して，$I_\mathrm{p}(\nu)$ の最小値 I_min を，関係式

4-6. 光受容に伴う視物質系でのエントロピー発生

$$I_{\min} = (2/\pi\gamma)E_{\min} \tag{4.50a}$$

から計算してみると，次のような値が得られる：

$$I_{\min} = 4.371 \times 10^{-12} \mathrm{erg/cm}^2. \tag{4.50b}$$

この $I_{\min}$ の値は，合理的なものである．なぜならば，我々の眼に入射しうる輻射エネルギーの最大強度 $I_{\max}$ は，最小強度 $I_{\min}$ の約1万倍であると言われているので，$I_{\max} = 1.2 \times 10^4 \times I_{\min}$ と仮定してみると，この $I_{\max}$ の値は，我々の眼が直視しうる光源の最大輝度（約 $6\mathrm{cd/m}^2$）を，よく説明できるからである（最後の［4-6-E］分節を見よ）．

最後に，上記の $I_{\min}$ を，太陽表面における輻射エネルギー強度 $I_1(\nu)$ と比較してみよう．すでに (4.15) の所で述べたように，太陽表面における単位面積・単位時間・単位振動数あたりの輻射エネルギー $I_1(\nu)$ は，単位体積・単位振動数あたりの黒体輻射エネルギー

$$u(\nu, T_\mathrm{s}) = (8\pi h/c^3)\nu^3/[\exp(h\nu/kT_\mathrm{s}) - 1] \tag{4.51a}$$

を用いて，次のように表わされる：

$$I_1(\nu) = (c/4)u(\nu, T_\mathrm{s}). \tag{4.51b}$$

ここに T_s は太陽の有効温度である．そこで，図4-1に示した太陽輻射エネルギーのスペクトル分布から，その極大値に対応する波長 λ_m を 500nm と算出し，かつウィーンの変位則

$$\lambda_\mathrm{m} T_\mathrm{s} = 0.2898 \text{ cm} \cdot \text{K} \tag{4.52a}$$

を用いて T_s を求めてみると，次のような値が得られる：

$$T_\mathrm{s} = 5796\mathrm{K}. \tag{4.52b}$$

ちなみに，(4.52a) を導出するには，$hc/(\lambda kT) = x$ として (4.14b) を

$$8\pi hc(kT/hc)^5[x^5/(e^x - 1)]$$

と書きなおし，その極大値に対応する x の値 x_m を

$$\frac{d}{dx}[x^5/(e^x - 1)] = 0$$

という条件から, $x_\mathrm{m} = 4.965$ と算出すればよい. つまり, (4.14b) は関係式

$$\lambda_\mathrm{m} T = hc/(kx_\mathrm{m})$$

を満足する波長 λ_m の所で極大を示すわけである. この式は, プランクの熱輻射式 (4.14) が発見される前に, **ウィーンの変位則**として良く知られていたものである.

従って, $\lambda = 510$nm における $I_1(\nu)$ の値 $[I_1]_{510}$ は, (4.51) から

$$[I_1]_{510} = 0.7303 \times 10^{-4} \mathrm{erg/cm}^2 \tag{4.53a}$$

と算定される. この値を (4.50b) の I_min と比べてみると,

$$I_\mathrm{min}/[I_1]_{510} = 0.5985 \times 10^{-7} \tag{4.53b}$$

である.

[4-6-C]　N_2 の最小値, N, α, $N_2(t)$ および $S(t)$ の計算

最初に, N_2 の最小値 (すなわち N と α との関係) について考えてみよう. まず, (4.50b) の I_min を用い, $\lambda = 510$nm として, (4.46a) の β を計算してみると, β の最小値 β_min が

$$\beta_\mathrm{min} = 6.206 \times 10^{-2} \mathrm{s}^{-1} \tag{4.54}$$

と得られる. 次に, (4.42) の β および t の値として, それぞれ β_min および α^{-1} をとり, $\beta_\mathrm{min} \ll \alpha$ であることに注意して, N_2 の最小値 $N_2^{(\mathrm{min})}$ と N/α との関係を求めてみると,

$$N_2^{(\mathrm{min})} \simeq 3.923 \times 10^{-2} \times (N/\alpha) \tag{4.55}$$

が得られる. さらに, (4.43b) の右辺第二項に着目して,

$$N_2^{(\mathrm{min})}! \simeq N_2^{(\mathrm{min})}(N_2^{(\mathrm{min})} - 1) = 1 \tag{4.56a}$$

となるように, $N_2^{(\mathrm{min})}$ の値を

$$N_2^{(\mathrm{min})} \simeq 1.618 \tag{4.56b}$$

と決定する. この場合,

$$N_2^{(\mathrm{min})} \log N_2^{(\mathrm{min})} \simeq 0.7786 = 1.123 \times \log 2 \tag{4.56c}$$

4-6. 光受容に伴う視物質系でのエントロピー発生

であるが，この値は，(4.34c) の $S_a^{(2)}$ によると，視物質系が光量子を 54.09% の信頼度で検出することを意味している．結局，(4.55) と (4.56b) から，N と α との間の関係式が

$$N = 41.24[\alpha], \quad [\alpha] = 0.02425 N \tag{4.57}$$

と得られる．ここに $[\alpha]$ は s^{-1} の単位による α の数値を表わす．

次に，N および α の値について考えてみると，桿体細胞 1 個あたりの視物質数 N_0 については，むかし約 1.6×10^9 という値が挙げられたことがある．[21] そこで，我々は，

$$N_0 = 1.64 \times 10^9 \tag{4.58a}$$

と取ることにする．一方，網膜周辺部に存在する桿体細胞の個数 n については，ヘヒトらが $n \simeq 500$ と推定しているので，

$$n = 540 \tag{4.58b}$$

と取ることにする．そうすると，N の値が次のように算出される：

$$N = nN_0 = 0.8856 \times 10^{12}. \tag{4.58c}$$

α の値は，この N の値を用いて，(4.57) から

$$\alpha = 2.148 \times 10^{10} \mathrm{s}^{-1} \tag{4.59a}$$

と得られる．つまり，α^{-1} の値が次のように計算される：

$$\alpha^{-1} = 46.55 \mathrm{ps} = 6.650 \times 7 \mathrm{ps}. \tag{4.59b}$$

この α^{-1} の値は，次の二つの理由により，極めて合理的なものと考えられる：ⓐ すでに述べたように，Kikuchi らの理論によると，[22] 視物質発色団の光異性化に要する時間 T_p は，$1\mathrm{ps} \leq T_\mathrm{p} < 10\mathrm{ps}$ の領域にあり，しかも $T_\mathrm{p} = 7\mathrm{ps}$ という値が最も望ましい；ⓑ $T_\mathrm{p} = 7\mathrm{ps}$ という時間は，振動エネルギーが視物質発色団からその近傍の蛋白部分へ移動するために必要なものであるので，オプシン中の巨視的なエントロピー発生に至るまでに，さらに約 $6\,T_\mathrm{p}$ の時間が必要となるのは，きわめて当然のことと言える．また，(4.58c) の N の値は，視物質系を構成する視物質の最小個数を示すものである．なぜならば，視物質系による光量子の検出が 54.09% より高い信頼度で行なわれる場合には，(4.57) の第一式における $[\alpha]$ の係数が 41.24 より大きな値をもたなければならないので，

(4.59a) の α の値が合理的なものであるとすれば，N の値は当然 (4.58c) より大きくなるからである．

最後に，$N_2(t)$ および $S(t)$ を計算してみよう．まず，$\lambda = 500$nm である場合の I_1 の値 $[I_1]_{500}$ は，(4.51) に基づき，かつ (4.52b) の T_s を用いて，

$$[I_1]_{500} = 0.7026 \times 10^{-4} \mathrm{erg/cm^2} \quad (4.60a)$$

と計算される．そこで，我々はこの値を用いて

$$I \equiv [I_p]_{500}/[I_1]_{500} \quad (4.60b)$$

と定義し，$\lambda = 500$nm である場合の (4.46a) の β（単位は s^{-1}）を，

$$\beta_{500} = 0.9777 \times 10^6 \times I \quad (4.60c)$$

と表わす．次に，この β_{500} の中の I の値については四つの値 ($10^{-7}, 10^{-6}, 10^{-5}, 10^{-4}$) を，また時間 t（単位は s）については五つの値 ($10^{-14}, 10^{-13}, 10^{-12}, 10^{-11}, 10^{-10}$) をえらび，(4.58c) の N の値および (4.59a) の α の値を用いて，(4.42) の $N_2(t)$ を計算する．また，(4.43a) と (4.43b) との相違に注意して，$S(t)/k$ を計算する．そして，それらの結果を，それぞれ表 4-1 および表 4-2 にまとめることにする．さらに，(4.43a) の $S(t)$ を，次のように二つに分ける：

$$S(t) = S_1(t) + S_2(t);$$
$$S_1(t)/k = N_2(t)\log[N_1(t)/N_2(t)], \quad S_2(t)/k = N\log[N/N_1(t)]. \quad (4.61a)$$

表 4-1 時刻 t に励起状態 Ψ_2 にある視物質発色団の個数 $N_2(t)$．(4.60c) の中の I については四つの値を，また t については五つの値をえらび，かつ (4.58c) の N の値および (4.59a) の α の値を用いて，(4.42) の $N_2(t)$ が計算されている．

$I \diagdown t$	10^{-14} s	10^{-13} s	10^{-12} s	10^{-11} s	10^{-10} s
10^{-4}	0.8658×10^0	0.8649×10^1	0.8566×10^2	0.7792×10^3	0.3560×10^4
10^{-5}	0.8658×10^{-1}	0.8649×10^0	0.8566×10^1	0.7792×10^2	0.3560×10^3
10^{-6}	0.8658×10^{-2}	0.8649×10^{-1}	0.8566×10^0	0.7792×10^1	0.3560×10^2
10^{-7}	0.8658×10^{-3}	0.8649×10^{-2}	0.8566×10^{-1}	0.7792×10^0	0.3560×10^1

4-6. 光受容に伴う視物質系でのエントロピー発生

表4-2 光吸収によって増加した視物質系のエントロピー $S(t)$. (4.58c) の N の値および表4-1の $N_2(t)$ の値を用いて，(4.43b) の場合の $S(t)/k$ が時間 t の関数として計算されている．なお，括弧の中の数値は，(4.43a) の場合の $S(t)/k$ について得られたものである．

t I	10^{-14} s	10^{-13} s	10^{-12} s	10^{-11} s	10^{-10} s
10^{-4}	(2.481×10^1) 2.382×10^1	(2.279×10^2) 2.258×10^2	(2.061×10^3) 2.058×10^3	(1.703×10^4) 1.702×10^4	(7.239×10^4) 7.239×10^4
10^{-5}	(2.680×10^0) 2.382×10^0	(2.478×10^1) 2.379×10^1	(2.258×10^2) 2.237×10^2	(1.882×10^3) 1.879×10^3	(8.059×10^3) 8.055×10^3
10^{-6}	(2.879×10^{-1}) 2.382×10^{-1}	(2.678×10^0) 2.379×10^0	(2.455×10^1) 2.357×10^1	(2.061×10^2) 2.041×10^2	(8.879×10^2) 8.851×10^2
10^{-7}	(3.071×10^{-2}) 2.382×10^{-2}	(2.877×10^{-1}) 2.379×10^{-1}	(2.635×10^0) 2.357×10^0	(2.241×10^1) 2.143×10^1	(9.699×10^1) 9.529×10^1

言うまでもなく，(4.43b) の場合には，

$$S_2(t)/k = N_2(t) \log N_2(t) - \log[N_2(t)!] \tag{4.61b}$$

ととらなければならない．そして，$I = 10^{-7}$ の場合に注目し，$\log_{10}[S_1(t)/k]$ お

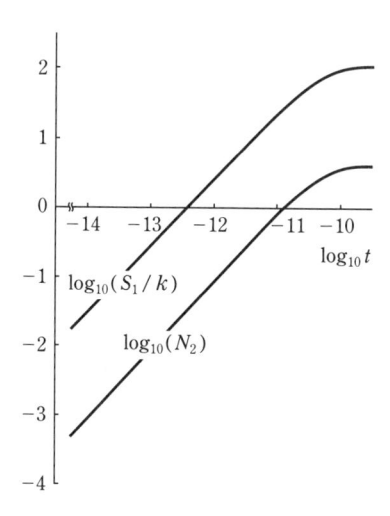

図4-3 表4-1における $I = 10^{-7}$ の場合について，(4.61a)の第一項 $S_1(t)/k$ が時間 t の関数として計算され，$\log_{10}(S_1/k)$ が $\log_{10}(N_2)$ と比較されている．

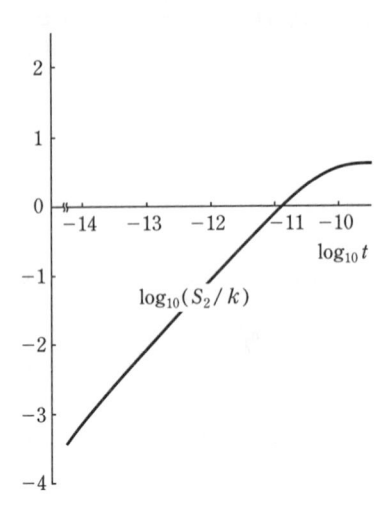

図 4-4 図 4-3 と同一の場合について, (4.61b)から計算された $\log_{10}(S_2/k)$ が, $\log_{10} t$ の関数として示されている.

よび $\log_{10}[N_2(t)]$ と $\log_{10} t$ との関係を図 4-3 に, また $\log_{10}[S_2(t)/k]$ と $\log_{10} t$ との関係を図 4-4 に示すことにする.

[4-6-D] 計算結果の吟味および結論

図 4-3 は, 表 4-2 における $I = 10^{-7}$ の場合について, $S_1(t)/k$ と $N_2(t)$ とを比べてみたものであり, 前者が後者にほとんど比例して増加すること, また両者が $t = 10^{-10}$ s において, それぞれ平衡値に達していることを, 示している.

これらの二つの平衡値の差については, まずその物理的意味が次のようにして理解される. すなわち, (4.42) および (4.61a) に基づいて, $t = \infty$ における $S_1(\infty)$ を書き直してみると,

$$S_1(\infty)/N_2(\infty) = k\log(1 + \alpha/\beta) \tag{4.62a}$$

と得られる. そこで, (4.60b) の定義に従って $I_p(\nu) = I_1(\nu) \times I$ とおき, かつ (4.51b) の I_1 に基づいて (4.38) の β を書き直してみると,

$$\beta = (3AI/8)[\exp(h\nu/kT_s) - 1]^{-1},$$

$$A = (64\pi^4/3hc^3)\nu^3|\boldsymbol{P}_{21}|^2 \tag{4.62b}$$

4-6. 光受容に伴う視物質系でのエントロピー発生

と得られる．ここに A はアインシュタインの誘導放出係数である．従って，$\lambda = 500\mathrm{nm}$ の場合には，

$$\log(1+\alpha/\beta) \simeq h\nu/(kT_\mathrm{s}) + \log[(8\alpha/3A)I^{-1}] \simeq 26.1 \qquad (4.62c)$$

と計算される．

次に，上式の右辺第一項は，視物質系に入射した輻射エネルギーが，光量子1個あたり $h\nu/T_\mathrm{s}$ というエントロピーを運んできていることを示している．一方，上式の右辺第二項は，視物質系における輻射エネルギーの吸収・放出機構の特質に依存して，エントロピーが発生することを示している．すなわち，8/3 という因子は，2次元的に等方的な視物質系が，3次元的に等方的な黒体輻射場から入射した光量子と，相互作用することに由来するものである．また，α/A という因子は，視物質発色団から蛋白部分へのエネルギー放出が，そのシス－トランス異性化を利用して行なわれており，黒体輻射の場合のような光量子の自然放出にまったく依存していないことを，示すものである．

図4-4は，やはり表4-2における $I = 10^{-7}$ の場合について，S_2/k の時間依存性を示したものである（この S_2/k を $\log 2$ と比べてみよ）．なお，(4.42)・(4.58c)・(4.59a)・(4.60c) によると，$t = \alpha^{-1}$ の所では，N_2 の値 $N_{2\alpha}$ が 2.549 と，また S_2 の値 $S_{2\alpha}$ が

$$S_{2\alpha}/k \simeq (N_{2\alpha} - 1)\log N_{2\alpha} - \log(N_{2\alpha} - 1)$$

$$\simeq 1.01 \simeq 1.46 \times \log 2$$

と算出される．この値は，(4.34c) の $S_a^{(2)}$ によると，注目している光受容が約64％の信頼度で行なわれたことを物語っている．

結局，我々は次のような結論に到達したわけである：
（1） 視物質系では，少なくとも約54％の信頼度で，1～2個の光量子が検出されている；また，この検出に対する代償として，約 $1.12 \times \log 2$（物理単位）のエントロピーが発生しなければならない；
（2） 温度 T_s の光源から視物質系へ入射した振動数 ν の光量子は，1個あたり $h\nu/T_\mathrm{s}$ というエントロピーを運んできている；また，光受容装置としての視物質系の特質に依存して，上記の（1）とは別種のエントロピーが $N_2(t)$ に比例して発生する．

最後に，もう一言つけ加えるならば，本章で行なわれた計算の結果は，ヒトの眼の網膜周辺部に存在する桿体細胞の場合を合理的に説明し得るものである．

一方，ヒトの眼の盲点近傍に存在する錐体細胞の場合には，それらが昼間視・色覚に関与しているので，入射光のエネルギー強度は言うまでもなく，それを吸収する錐体細胞の個数や，錐体細胞中の視物質数，さらには視物質の発色団・蛋白部分の構造などが，桿体細胞の場合とかなり異なっている．従って，錐体細胞に対する $(N, \alpha, N_2^{(\min)})$ の値については，(4.58c)・(4.59a)・(4.56b) とは異なるパラメトリゼーションを行なう必要がある．なお，いろいろな視細胞における視物質系の多様性も，多分これと同様のパラメトリゼーションによって，合理的に説明されるであろう．

[4-6-E] 入射光の最大エネルギー強度 $I_{\max}$

まず，輝度 B の面 A から放射された可視光が，面 A′ に結像するものとすれば，その照度 J' は次のように与えられる:[25]

$$J' = \pi B (n'/n)^2 \sin^2 \phi'. \tag{4.63}$$

ここに，n および n' はそれぞれ物空間および像空間の屈折率を，また ϕ' は像空間における入射光束円錐の頂角を表わす．

そこで，「ドンドルの省略眼」に従って，[26]

$$n = 1.000, \quad n' = 1.333, \quad \phi' = 0.1808 \tag{4.64a}$$

と取ることにすると，$B = 1\mathrm{cd/m^2}$ の発光体の像の照度 J'_B は，(4.63) に基づいて次のように算出される：

$$J'_B = 0.1805 \ [\mathrm{lm/m^2}]. \tag{4.64b}$$

しかし，波長 500nm の可視光に対するヒトの眼のスペクトル視感度 L は，

$$L = 220.6 \ [\mathrm{lm/watt}] \tag{4.65a}$$

であるので，ヒトの眼が実際に感じているこの可視光のエネルギー強度 E_B は，次のように計算される：

$$E_B = J'_B/L = 0.8182 \mathrm{erg}/(\mathrm{cm^2 \cdot s}). \tag{4.65b}$$

次に，(4.47b) を用い，(4.49b) の場合と同様にして，$\lambda = 500$ nm である場合の γ_{500} を計算してみると，

$$\gamma_{500} = 0.5899 \times 10^8 \mathrm{s}^{-1} \tag{4.66a}$$

4-6. 光受容に伴う視物質系でのエントロピー発生

と得られる. 従って, (4.65b) の E_B を用い, かつ (4.50a) の場合と同じ考え方で, 単位振動数あたりのエネルギー強度 I_B を求めてみると,

$$I_B = 0.8828 \times 10^{-8} \mathrm{erg/cm^2} \qquad (4.66b)$$

と得られる.

最後に, ヒトの眼に入射しうる輻射エネルギーの最大強度 $I_{\max}$ は, 最小強度 $I_{\min}$ の約1万倍と言われているので,

$$I_{\max} = 1.200 \times 10^4 \times I_{\min} = 5.245 \times 10^{-8} \mathrm{erg/cm^2} \qquad (4.67a)$$

と仮定してみると, この $I_{\max}$ と (4.66b) の I_B との間には,

$$I_{\max} = 5.941 \times I_B \qquad (4.67b)$$

という関係が成り立つ. この結果は, 次のような実験結果を, よく説明しうるものである：波長 500nm の可視光を放射する光源の輝度をいろいろ変えて, ヒトの眼を照射してみたところ, 光源の輝度が約 $6\mathrm{cd/m^2}$ であったときに, 桿体細胞の機能が失活した.[27, 28]

[参考文献]

18) E. Ito, T. Komatsu and H. Suzuki: The entropy generation in visual-pigment system by the absorption of light, Biophys. Chem., **74**(1998), pp. 59-70.
19) H. Suzuki and Y. Kishi: Origins of the Entropy Generation in Visual-Pigment Systems, Bull. Sci. Eng. Res. Lab., Waseda Univ., No. **129** (1990), pp. 80-89.
20) S. Hecht, S. Shlaer and M.H. Pirenne: Energy, Quanta, and Vision, J. Gen. Physiol., **25** (1942), pp. 819-840.
21) J.J. Wolken: Molecular Structure of the Vertebrate Rod, In Vision−Biophysics and Biochemistry of the Retinal Photoreceptor−, C.C. Thomas Publishers, Springfield, Illinois, U.S.A. (1966), pp. 141-157.
22) H. Kikuchi and H. Suzuki: Dynamical Theory of the Photoisomerization of Rhodopsin Chromophore. I. Calculations of the Transition Probabil-ity, J. Phys. Soc. Jpn., **61** (1992), pp. 1946-1959.
23) T. Sugimoto, Y. Kishi, E. Ito and H. Suzuki: An Extended INDO−CI Study on Protonated Retinal Schiff−Base, J. Phys. Soc. Jpn., **59** (1990), pp. 3780-3790.
24) G. Østerberg: Results of Counting, In Topography of the Layer of Rods and Cones in the Human Retina, W.A. Spuhr, Copenhagen, Denmark (1953), pp. 61-88.

25) M. Born and E. Wolf : Geometrical Theory of Optical Imaging, In Principles of Optics, 4th ed., Pergamon Press, Oxford, England (1970), pp. 133-202.
26) H. Davson : Visual Optics, In The Physiology of the Eye, 2nd ed., J. & A. Churchill Ltd., London, England (1963), pp. 378-477.
27) M. Aguilar and W.S. Stiles : Saturation of the Rod Mechanism of the Retina at High Levels of Stimulation, Optica Acta, **1** (1954), pp. 59-65.
28) M.H. Pirenne : Spectral Luminous Efficiency of Radiation, In The Eye, Vol.2, Ed. H. Davson, Academic Press, New York, U.S.A. (1962), pp. 65-91.

5. 「時計仕掛け」仮説の熱力学的検討

　本章では，まず熱機関の基本法則に注目して，そこで起こる一方向性のエントロピー移動と，その作業物体がなす不可逆サイクルとの，密接な関連性を考えてみる．次に，外界との間に物質のやり取りもある開放系に注目して，その熱力学的な取扱いの要点を説明する．またその際，ある開放系のなす最大仕事の大きさがエクセルギーの変化であり，ギブズ自由エネルギーの変化とは「似而非者」であることを指摘する．最後に，シュレーディンガーの「歯車」に対して図5-7のモデルを想定し，そこで起こる一方向性の物質・エネルギー・エントロピー移動に注目して，その基本方程式が彼の不等式 (1.1) であること，またその必要・十分条件が「不可逆サイクル」の存在であることを明らかにする．

5-1．熱機関の論理

[5-1-A]　二つの物体を接触させるだけでは正の仕事が得られない

　熱機関（付録Aの [A-4-4] 分節を見よ）における作業物体の状態変化は，シュレーディンガーの「時計仕掛け」仮説における「歯車」（[1-2-D] 分節を見よ）の熱力学的な役割について，極めて重要な示唆を我々に与えてくれるものである．そこで，まず本分節では，「二つの物体を直接的に接触させるだけでは，決して正の仕事（すなわち外界に対してなす仕事）が得られない」ことを,[29] 明らかにしてみよう．

　さて，体積・定積熱容量・温度がそれぞれ (V_2, C_2, T_2) および (V_1, C_1, T_1) で与えられる二つの物体を考え，それらを直接的に接触させて，温度 T_2 の高温物体から温度 T_1 の低温物体へ，熱量 Q を移動させることにしよう（定積熱容量については，付録Aの (A.11) を見よ）．ただし，これら二つの物体は一つの

5. 「時計仕掛け」仮説の熱力学的検討

$T_2 > T_1$　　　　　$T_2 > T > T_1$

V_2 ｜ V_1　　　　　V_2 ｜ V_1
　→ Q　　　　　T ｜ T
C_2 T_2｜T_1 C_1　　　C_2 ｜ C_1

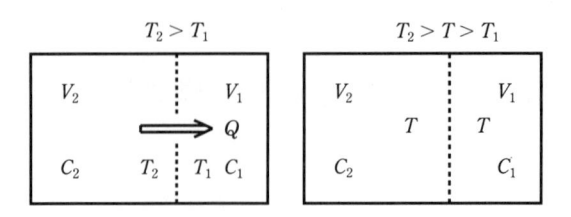

図 5-1 二つの物体の接触による熱量の移動 (その説明については本文を見よ).

孤立系を成しており，しかも (V_1, V_2, C_1, C_2) は Q の移動にかかわりなく一定であるとする．まず，両物体が Q の移動後に温度 T の熱平衡に達したとすれば，

$$C_2(T_2 - T) = C_1(T - T_1) = Q \tag{5.1a}$$

であるから，T および Q がそれぞれ

$$T = (C_1 T_1 + C_2 T_2)/(C_1 + C_2),$$
$$Q = C_1 C_2 (T_2 - T_1)/(C_1 + C_2) \tag{5.1b}$$

と求められ，次の関係が直ちに確かめられる：

$$T_2 - T = C_1(T_2 - T_1)/(C_1 + C_2) > 0,$$
$$T - T_1 = C_2(T_2 - T_1)/(C_1 + C_2) > 0. \tag{5.1c}$$

つまり，$T_2 > T > T_1$ が成り立つわけである（図 5-1 を見よ）．

次に，付録 A の (A.40b) に基づいて，この孤立系のエントロピーを考えてみると，熱量 Q の移動が開始される直前のものは

$$S_0 = C_1 \log T_1 + C_2 \log T_2 + c > 0 \tag{5.2a}$$

であり，温度 T の熱平衡に達したときのものは

$$S_T = S_0 + C_1 \log(T/T_1) + C_2 \log(T/T_2) \tag{5.2b}$$

である．ここに c は V_1 や V_2 などに依存する定数である．この S_T について我々が注意すべきことは，

$$\Delta S \equiv S_T - S_0 > 0 \tag{5.3a}$$

が成り立つ，ということである．このことを確かめるには，例えば

5-1. 熱機関の論理　　　　　　　　　　　　　　　　　　　　　　　　　　　　71

$$\Delta T_0 \equiv T_2 - T_1, \quad (\Delta T_0/T_1)^2 \ll 1 \tag{5.3b}$$

と仮定して，ΔS を近似的に計算してみればよい：

$$T = T_1 + [C_2/(C_1 + C_2)]\Delta T_0,$$

$$\Delta S \simeq [C_1 C_2/(C_1 + C_2)](\Delta T_0/T_1)^2/2 > 0. \tag{5.3c}$$

つまり，二つの物体の直接的接触による熱量の移動は，それらが構成する孤立系のエントロピーを増大させるような現象である，といえるわけである．

最後に，この孤立系の内部エネルギー（付録Aの［A-1-3］分節を見よ）を E とし，それをこの体系のエントロピー S の関数として $E(S)$ と表わすことにする．そうすると，この体系は熱的に絶縁されているので，その内部エネルギーが $E(S)$ から $E(S+\Delta S)$ へ変化する過程でなされる正または負の仕事 ΔW は，

$$E(S) = E(S + \Delta S) + \Delta W \tag{5.4a}$$

を満足しなければならない．ただし，この ΔW は，準静的に行なわれるものとする（付録Aの［A-1-4］分節を見よ）．しかも，付録Aの (A.45a) および (5.3c) によれば，この関係式は近似的に

$$\Delta W \simeq - (\partial E/\partial S)_V \Delta S \simeq - T\Delta S < 0 \tag{5.4b}$$

と書き直される．ここに $V = V_1 + V_2$ である．つまり，単に二つの物体を接触させるだけでは，決して正の仕事が得られないのである．

[5-1-B]　なぜ作業物体にサイクリックな状態変化を行なわせるか

熱機関には実に様々なものがあり，工学の分野などではそれらの作動様式に注目して，それらを外燃機関・内燃機関・原子動力機関の3種類に分類しているようであるが，それらの機構はすべて同一の原理に基づいている．すなわち，「熱機関」とは一つの作業物体がある状態から出発して温度 T_i の高熱源から熱量 Q_i を受けとり，温度 T_o の低熱源に熱量 Q_o を与えて再びもとの状態へ戻るようなサイクル（すなわち循環過程）を行なう過程の中で，残りのエネルギー $(Q_i - Q_o)$ を外部への仕事（すなわち正の仕事）に転化する「原動機」である．つまり，単に二つの物体を接触させるだけでは決して正の仕事が得られないので，熱機関では，二つの熱源の間に一つの作業物体を介在させて，正の仕事を作り出しているのである．[29]

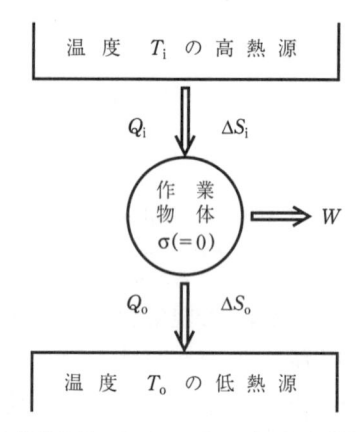

図 5 - 2 熱機関中の作業物体におけるエネルギーおよびエントロピーの流入・流出.

まず,この作業物体の役割を熱力学的に理解するために,次のような場合を想定してみよう.すなわち,ある作業物体がある状態から他の状態へ不可逆的に変化して,そのエントロピーが σ だけ増加する間に,温度 T_i の高熱源は作業物体に熱量 Q_i をあたえ,温度 T_o の低熱源は作業物体から熱量 Q_o を受けとり,かつ熱的に絶縁されている外部の被作業物体は作業物体から仕事 W を受けるものとしよう(図5-2を見よ).この場合,作業物体・高熱源・低熱源からなる全体系を孤立系とみなすならば,そのエントロピーの変化 $\Delta\Sigma$ は,「エントロピー増大の法則」(付録Aの (A.51) を見よ)に従って,

$$\Delta\Sigma = \sigma - Q_i/T_i + Q_o/T_o > 0 \tag{5.5a}$$

を満足しなければならない.ここに,$-Q_i/T_i$ は高熱源におけるエントロピー減少 $-\Delta S_i$ を,また Q_o/T_o は低熱源におけるエントロピー増加 ΔS_o を表わしている.なお,仕事 W をうける外部の被作業物体が上式の対象から除外されているのは,それが両熱源および作業物体から熱的に絶縁されているので,そのエントロピー変化を全く考える必要がないからである.

結局,注目している作業物体が任意の不可逆的状態変化を行なう場合には,

$$Q_i/T_i - Q_o/T_o = \Delta S_i - \Delta S_o < \sigma \tag{5.5b}$$

という不等式が成りたつわけである.従って,その最も秩序正しい作動様式は,$\sigma = 0$ の場合に実現されるはずである.付録Aの [A-5-1] 分節で説明され

ているように，エントロピーは状態量（状態を決めれば決まってしまう物理量）であるから，この $\sigma = 0$ の場合には，作業物体がサイクリックな状態変化を行なうことになり，周知の**クラウジウスの不等式**（付録 A の (A.34b) を見よ）が成り立つ：

$$Q_\mathrm{i}/T_\mathrm{i} - Q_\mathrm{o}/T_\mathrm{o} = \Delta S_\mathrm{i} - \Delta S_\mathrm{o} < 0. \qquad (5.6a)$$

なお，この不等式は，熱機関における作業物体のサイクリックな不可逆的状態変化が，**シュレーディンガー不等式** (1.1) の一つの解であることを示すものである．

次に，不等式 (5.6a) を満足する作業物体が，外界に対して正の仕事を行なえることは，次のようにして確かめられる．すなわち，(5.6a) は

$$1 - T_\mathrm{o}/T_\mathrm{i} > 1 - Q_\mathrm{o}/Q_\mathrm{i} \qquad (5.6b)$$

と書き直されるので，二つの条件 $T_\mathrm{i} > T_\mathrm{o}$ および $Q_\mathrm{i} > Q_\mathrm{o}$ が満たされているならば，この作業物体は外界に対して，$W = Q_\mathrm{i} - Q_\mathrm{o} > 0$ という正の仕事を，確かに行なえるわけである．そして，その効率 $\eta \equiv W/Q_\mathrm{i}$ は，明らかに

$$\eta_\mathrm{r} > \eta > 0, \quad \eta_\mathrm{r} \equiv 1 - T_\mathrm{o}/T_\mathrm{i} \qquad (5.6c)$$

を満足する．言うまでもなく，この不等式は，付録 A の (A.33) とまったく同じものである．

要するに，熱機関中の作業物体が行なうべき最も合理的な状態変化は，それが高熱源からエントロピー ΔS_i を吸収して始動し，この ΔS_i を上回るエントロピー ΔS_o を低熱源へ放出して，自らが再びはじめの状態に戻ることである．そうすると，残りの熱量 $(T_\mathrm{i}\Delta S_\mathrm{i} - T_\mathrm{o}\Delta S_\mathrm{o})$ すなわち $(Q_\mathrm{i} - Q_\mathrm{o})$ が，外部への仕事 W に，円滑に転化されるのである．なお，(5.6a) を (5.5b) と比べてみると，この不可逆サイクルの存在は (5.6a) の十分条件でもあることがわかる．なぜならば，この式が成り立つためには，$\sigma = 0$ でなければ（すなわち作業物体がはじめの状態に戻らなければ）ならないからである．

[5-1-C] カルノー・サイクルは4ストロークの等温サイクルである

付録 A の第 A-3 節で説明されているカルノー・サイクルは，理想気体を作業物体とする可逆熱機関の一種であり，エントロピーの発見の契機となった最も基本的なサイクルである．そこで本分節では，前分節での考察に基づき，その作業物体におけるエントロピーの流入・流出に注目してこのサイクルを整理し直し，その本質を浮き彫りにしてみよう．

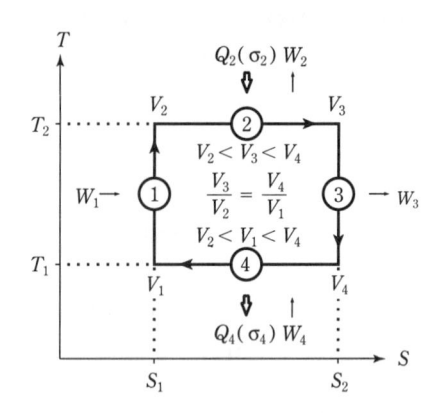

図 5-3　4 ストロークの可逆的等温サイクル（カルノー・サイクル）．

　第一に，図 A-1 は，図 5-3 のように改められるべきである．すなわち，カルノー・サイクルでは，n モルの理想気体に，下図に示したような四つの過程からなる準静的な状態変化を行なわせているのである．まず過程 ① では，理想気体のエントロピー S を S_1 に保ちながら，その体積 V を V_1 から V_2 まで断熱的に圧縮して，その温度 T を T_1 から T_2 まで上昇させる．次に過程 ② では，理想気体の温度を T_2 に保ちながら，その体積を V_2 から V_3 まで等温的に膨張させて，そのエントロピーを S_1 から S_2 まで増加させる．さらに ③ および ④ では，それぞれ過程 ① および ② における変化とは逆の，断熱膨張および等温圧縮をそれぞれ行なわせる．なお，図中の記号 $(W_1, W_2, W_3, W_4,)$ および (Q_2, Q_4) は，それぞれ仕事および熱量を表わしており，それらの矢印の向きは，それらが外部から流入するものであるか，あるいは外部へ流出するものであるか，その区別を示している．

　第二に，(Q_2, Q_4) は (A.40b) に基づいて，

$$Q_2 = T_2(S_2 - S_1) = nRT_2 \log(V_3/V_2),$$

$$Q_4 = T_1(S_2 - S_1) = nRT_1 \log(V_4/V_1) \tag{5.7a}$$

と計算されるべきである．なお，これらの式から，関係式

$$V_3/V_2 = V_4/V_1 \tag{5.7b}$$

も導かれる．一方，W_2 または W_4 は理想気体の状態方程式 (A.8a) および (A.6) に基づき，それぞれ (A.15) または (A.17) の場合と同様な計算を行なって，次

5-1. 熱機関の論理

のように求められる：

$$W_2 = \int_{V_2}^{V_3} p\,dV = nRT_2 \int_{V_2}^{V_3} dV/V = Q_2,$$

$$W_4 = -\int_{V_4}^{V_1} p\,dV = -nRT_1 \int_{V_4}^{V_1} dV/V = Q_4. \quad (5.8)$$

第三に，W_1 と W_3 は，次のように計算されるべきである．すなわち，まず理想気体の内部エネルギー E を V と T の関数とみなして，その微小変化を

$$dE = (\partial E/\partial V)_T dV + (\partial E/\partial T)_V dT$$

と表わす．そうすると，ジュールの法則 (A.9) および (A.11) から，上式右辺の第一項および第二項はそれぞれ 0 および C_V（定積熱容量）に等しいことがわかる．次に，① および ③ が断熱過程であることに注意すると，エネルギー保存の法則 (A.5) に基づいて，

$$W_1 = W_3 = C_V(T_2 - T_1) \quad (5.9)$$

と求められる．言うまでもなく，この結果は，(A.16)・(A.18) とまったく同じものである（$C_V = nR/(\gamma-1)$ であることに注意せよ）．

結局，カルノー・サイクルが外部になし得る仕事の総量 W_T は，(5.7)・(5.8)・(5.9) から

$$W_T = W_2 + W_3 - W_1 - W_4 = Q_2 - Q_4$$

$$= nR(T_2 - T_1)\log(V_3/V_2) \quad (5.10a)$$

と得られ，その効率 η_T は (5.7a) を用いて次のように算出される：

$$\eta_T \equiv W_T/Q_2 = 1 - T_1/T_2. \quad (5.10b)$$

最後に，注目している理想気体のエントロピー変化，およびこの変化とエントロピーの流入・流出との関係を考察してみると，図5-3のサイクルは次の三つの性質をそなえていることがわかる：

(1) エントロピーは状態量であるので，この理想気体の状態がはじめの状態に戻ると，そのエントロピーの値も必ずはじめの値にもどる；

(2) ① および ③ は断熱過程であるので，上記の (1) の性質により，過程②におけるエントロピー変化 $\Delta S_2 \equiv S_2 - S_1$ と，過程 ④ におけるエントロピー変化 $\Delta S_4 \equiv S_1 - S_2$ との間には，$\Delta S_2 + \Delta S_4 = 0$ という関係が成り

立つ；
(3) エントロピー変化 ΔS_2 は，外部から熱量 Q_2 とともに流入してくるエントロピー $Q_2/T_2 \equiv \sigma_2$ によって，引き起こされる．

結局，過程 ④ において外部へ放出されるエントロピー Q_4/T_1 を σ_4 とすると，関係式

$$\sigma_2 = [\Delta S_2 = -\Delta S_4] = \sigma_4 \tag{5.11}$$

が成り立つわけである．つまり，カルノー・サイクルにおける作業物体の役割は，外部からエントロピー σ_2 を吸収して始動し，ΔS_2 を $-\Delta S_4$ に変換して外部へ放出し，自らが再びはじめの状態に戻ることである．

要するに，カルノー・サイクルは，S と T を二つの基本的状態変数 として選び，それらを四つの過程で復元させる可逆サイクルであるが，前分節・本分節での考察から明らかなように，S の関与は不可欠であるので，通常このサイクルは4ストロークの**等温サイクル**と呼ばれている．

[5-1-D]　**4ストロークの定積または定圧サイクル**

図5-3の縦軸の状態変数を温度 T から体積 V または圧力 p に変えると，それぞれ4ストロークの定積または定圧サイクルが得られる．図5-4(a)の定積サイクルは，通常**オットー・サイクル**と呼ばれているものである．また，よく知られている**ディーゼル・サイクル**は，図5-4(b)の定圧サイクルにおける過程 ③ を，定積減圧過程でおき換えたものであり，定圧サイクルと定積サイクルを適当に組み合わせたものと言える．[30]

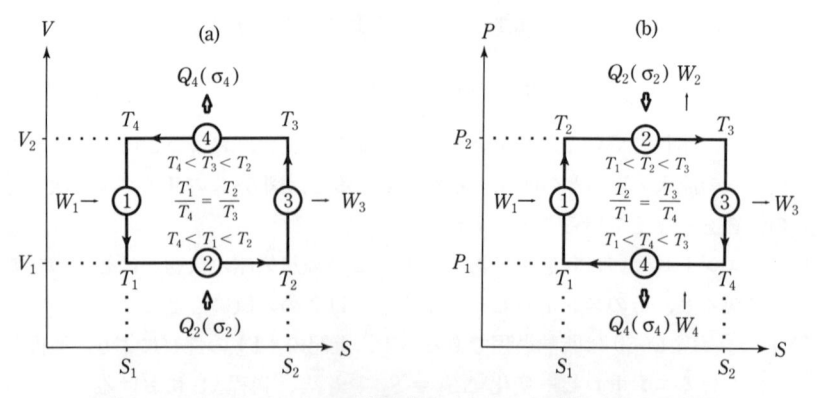

図 5-4　4ストロークの可逆的定積 (a) または定圧 (b) **サイクル**．

5-1. 熱機関の論理

まず，定積サイクルの場合には，$\{Q_j\}$ と $\{W_j\}$ との間に，

$$Q_2 = C_V(T_2 - T_1), \quad Q_4 = C_V(T_3 - T_4),$$

$$W_1 = C_V(T_1 - T_4), \quad W_3 = C_V(T_2 - T_3)$$

という四つの関係が成り立つので，外部になし得る仕事の総量が，

$$W_V = W_3 - W_1 = Q_2 - Q_4 \tag{5.12a}$$

となる．従って，その効率は次のように求められる：

$$\eta_V = 1 - T_3/T_2 = 1 - (V_1/V_2)^{\gamma-1}. \tag{5.12b}$$

ここに，$\gamma = C_p/C_V$ であり，C_p は定圧熱容量を表わす（付録 A の [A-2-2] 分節を見よ）．次に，定圧サイクルについては，

$$Q_2 = C_p(T_3 - T_2), \quad Q_4 = C_p(T_4 - T_1),$$

$$W_1 = C_V(T_2 - T_1), \quad W_2 = nR(T_3 - T_2),$$

$$W_3 = C_V(T_3 - T_4), \quad W_4 = nR(T_4 - T_1)$$

であり，外部への仕事の総量が

$$W_p = W_2 + W_3 - W_1 - W_4 = Q_2 - Q_4 \tag{5.13a}$$

となるので，その効率が次のように得られる：

$$\eta_p = 1 - T_4/T_3 = 1 - (p_1/p_2)^{1-1/\gamma}. \tag{5.13b}$$

ちなみに，$\gamma = 1.4$ の場合（ガソリンの場合），$\eta_T = \eta_V = \eta_p = 0.5$ となるためには，それぞれ

$$T_2/T_1 = 2.0, \quad V_2/V_1 = 5.7, \quad p_2/p_1 = 11$$

でなければばらない．従って，どのサイクルが有利であるかは，熱機関の構築材料がそのサイクルの最高温度に耐え得るかどうかにかかっている，といえる．

最後に，図 5-3 および図 5-4 の三つのサイクルについて，(5.11) を具体的に示してみると，等温サイクルでは (5.7a) によって，

$$\sigma_2 = Q_2/T_2 = nR\log(V_3/V_2)$$

$$= nR\log(V_4/V_1) = Q_4/T_1 = \sigma_4 \qquad (5.14a)$$

である．また，定積サイクルでは付録 A の (A.40b) によって，

$$\sigma_2 = [Q_2/(T_2 - T_1)]\log(T_2/T_1)$$

$$= [Q_4/(T_3 - T_4)]\log(T_3/T_4) = \sigma_4 \qquad (5.14b)$$

であり，定圧サイクルでは (A.40c) によって，

$$\sigma_2 = [Q_2/(T_3 - T_2)]\log(T_3/T_2)$$

$$= [Q_4/(T_4 - T_1)]\log(T_4/T_1) = \sigma_4 \qquad (5.14c)$$

である．言うまでもなく，これら三つの式は，それぞれ

$$Q_2/T_2 = Q_4/T_1, \quad Q_2/T_2 = Q_4/T_3, \quad Q_2/T_3 = Q_4/T_4 \qquad (5.15a)$$

であることも意味している．そこで，これらの関係式を用いて，それぞれのサイクルの効率

$$\eta \equiv W/Q_2 = 1 - Q_4/Q_2 \qquad (5.15b)$$

を書き直してみると，(5.10b) の η_T，(5.12b) の η_V および (5.13b) の η_p が，直ちに得られる．

　以上の考察から明らかなように，**可逆熱機関**とは，吸収される熱量 Q_2 および放出される熱量 Q_4 が (5.11) の法則に従って流れるサイクルの中で，残りのエネルギー $(Q_2 - Q_4)$ を外部への仕事 W に変換するものであり，決して「熱量 Q_2 の一部を仕事 W に変換した後に，余ったエネルギー $(Q_2 - W) \equiv Q_4$ を外部に放出するもの」ではないのである．なお，(5.6a) の表わし方に従うと，(5.11) は $\Delta S_i - \Delta S_o = 0$ と書き直される．つまり，(5.6a) および (5.11) は，本来一つの関係式

$$\Delta S_i - \Delta S_o \leq 0 \qquad (5.16)$$

としてまとめられるべきものであり，それぞれ不可逆熱機関および可逆熱機関の場合を表わしているのである．言うまでもなく，この式は，クラウジウスの不等式 (A.34b) とまったく同じものである．

5-2. 開放系の熱力学

[5-2-A] 化学ポテンシャルとギブズの自由エネルギー

これまで注目してきた熱機関中の作業物体については，そこに出入りするエネルギー（すなわち熱量と仕事）およびエントロピーを考えれば十分であったが，シュレーディンガーの「時間仕掛け」仮説を熱力学的に検討するためには，これら二つの量のみならず，その構成要素の「歯車」に出入りする諸分子の個数をも考慮しなければならない．熱力学では，ある熱力学的体系とその外部との間に，エネルギー・エントロピーのやり取りがあっても，物質のやり取りがない（すなわちその体系中の物質の量・組成が一定である）場合，その体系を**閉鎖系（または閉じた系）**と呼んでいる．これに対して，外部との間に物質のやり取りがある場合には，その体系を**開放系（または開いた系）**という．

本分節では，まず最初に，1種類の分子からなる開放系（すなわち1成分系）について，その定式化を行なってみる．そのためには，まず付録 A の (A.41) を，次のように拡張すればよい：

$$dE(S,V,N) \leq TdS - pdV + \mu dN. \tag{5.17a}$$

ここに，N は分子の個数であり，μ は**化学ポテンシャル**と呼ばれるものである．また，$E(S,V,N)$ は，内部エネルギー E の独立変数が (S,V,N) であることを示している．そうすると，エネルギー特性関数 (A.42) の全微分に対する不等式は，次のように求められる：

$$dH(S,p,N) \leq TdS + Vdp + \mu dN, \tag{5.17b}$$

$$dF(T,V,N) \leq -SdT - pdV + \mu dN, \tag{5.17c}$$

$$dG(T,p,N) \leq -SdT + Vdp + \mu dN. \tag{5.17d}$$

次に，(5.17) の状態変数 $(p,T,\mu;V,S,N)$ について，T と μ が「場」に付随した広義の圧力であること，また S と N が「物質」に付随した広義の体積であることに，注意しなければならない．つまり，(p,T,μ) は**示強変数**であり，(V,S,N) は**示量変数**である．そして，一つの示強変数とそれに共役な示量変数（たとえば圧力 p と体積 V）との積は，エネルギー特性関数 (E,H,F,G) などの色々なエネルギーを与えるのである．言うまでもなく，これらの諸エネルギー

関数は，物質に付随した示量関数である．

いま，このような観点から，示量関数であるギブズの自由エネルギー G の独立変数 (T, p, N) を眺めてみると，その示量変数は N だけである．従って，ある可逆的状態変化（この場合には等号が成り立つ）について，(5.17d) から

$$(\partial G/\partial N)_{T,p} = \mu(T, p) \tag{5.18a}$$

という関係式を導くと，この μ には N が含まれない．これに対して，やはり示量関数であるヘルムホルツの自由エネルギー F の場合には，(5.17c) から

$$(\partial F/\partial N)_{T,V} = \mu(T, V, N) \tag{5.18b}$$

と得られるが，その二つの示量変数 (V, N) の間にはある関係が生じるので，この μ は N の関数である．なお，エンタルピー H および内部エネルギー E の場合にも，(5.18b) と同様なことが言える：

$$(\partial H/\partial N)_{S,p} = \mu(S, p, N), \quad (\partial E/\partial N)_{S,V} = \mu(S, V, N). \tag{5.18c}$$

要するに，(5.18a) によると，ギブズの自由エネルギー G は化学ポテンシャル μ を用いて，次のように表わされるのである：

$$G(T, p, N) = N\mu(T, p). \tag{5.19a}$$

この関係式は，ある可逆的状態変化を想定して導かれたが，実は一般的に成り立つものである．なぜならば，G は状態量であるので，可逆変化を経てこようが不可逆変化を経てこようが，同じ状態に達しさえすれば，常に同じ値をもつからである．そこで，この式を (5.17d) に代入してみると，

$$0 \leq -SdT + Vdp - Nd\mu \tag{5.19b}$$

という，周知の**ギブズ・デュエムの関係式**が得られる．

最後に，何種類かの分子からなる多成分系を考え，種類 j の分子の個数および化学ポテンシャルをそれぞれ N_j および μ_j として，(5.17d)・(5.19a)・(5.19b) を拡張してみると，次のような三つの関係式が得られる：

$$dG(T, p, \{N_j\}) \leq -SdT + Vdp + \sum_j \mu_j \, dN_j, \tag{5.20a}$$

$$G(T, p, \{N_j\}) = \sum_j N_j \, \mu_j(T, p), \tag{5.20b}$$

$$0 \leq -SdT + Vdp - \sum_j N_j \, d\mu_j. \tag{5.20c}$$

[5-2-B] 開放系に対する平衡条件

本分節では,ギブズの自由エネルギー (5.19a) または (5.20b) に着目して,開放系に対する平衡条件を導いてみよう.まず,1成分系の場合を定式化するために,(5.17d) の意味を考えてみると,これはある熱力学的体系の状態変化について,その進行方向を (5.19a) の G を通して眺めたものである.従って,その体系の一つの状態が,(G, T, p, N) の変分 $(\delta G, \delta T, \delta p, \delta N)$ にたいし,不等式

$$\delta G \geq -S\delta T + V\delta p + \mu dN \tag{5.21a}$$

を満足するならば(この不等式の向きに注意せよ),その状態はいちおう釣合いの(すなわち準安定あるいは安定な)状態にある,といえるわけである.ただし,この式の等号および不等号は,それぞれ一次および二次の変分量に適用されるものとする.特に,注目している体系が一定の (T, p, N) のもとで釣合いの状態にある場合には,その平衡条件が

$$\delta G(T, p, N) = 0, \quad \delta^2 G(T, p, N) > 0 \tag{5.21b}$$

と表わされる.ここに $\delta^2 G$ は G の二次の変分量である.

次に,この平衡条件に基づき,その最も簡単な場合である1成分・2相系(たとえば水と水蒸気が空間的に区分されている系)について,その平衡の問題を考えてみよう.そのために,二つの相に対するギブズの自由エネルギー・分子数・化学ポテンシャルを,それぞれ $(G^{(1)}, N^{(1)}, \mu^{(1)})$ および $(G^{(2)}, N^{(2)}, \mu^{(2)})$ とし,二つの成分の間には化学反応が起こらないものとする.そうすると,この体系のギブズの自由エネルギー G および分子数 N は,

$$G = \sum_{r=1}^{2} G^{(r)}, \quad N = \sum_{r=1}^{2} N^{(r)}; \quad G^{(r)} = N^{(r)} \mu^{(r)}(T, p) \tag{5.22a}$$

と表わされる.そして,(G, N) の変分 $(\delta G, \delta N)$ は,

$$\delta G = \sum_{r=1}^{2} (\partial G^{(r)} / \partial N^{(r)}) \delta N^{(r)} = 0, \quad \delta N = \sum_{r=1}^{2} \delta N^{(r)} = 0 \tag{5.22b}$$

を満足しなければならない.つまり,1成分・2相系については,

$$\mu^{(1)}(T, p) = \mu^{(2)}(T, p) \tag{5.22c}$$

という平衡条件が得られるわけである.

さらに,(5.20a) に注目して,成分数が m である場合を定式化してみると,まず (5.21a) に相当する条件が,

$$\delta G \geq -S\delta T + V\delta p + \sum_{j=1}^{m} \mu_j \, \delta N_j \qquad (5.23a)$$

と表わされる．従って，m 種類の成分の間に化学反応が起こらない（しかしそれらの相変化は起こりうる）場合には，その等温・定圧変化について，(5.21b) とまったく同様の平衡条件が得られる：

$$\delta G(T, p, \{N_j\}) = 0, \quad \delta^2 G(T, p, \{N_j\}) > 0. \qquad (5.23b)$$

最後に，この m 成分系が空間的に区分されている n 種類の相から成っている場合について，その平衡条件を導いてみよう．いま，j 番目の成分のギブズ自由エネルギーおよび分子数（すべての相にわたったもの）が，それぞれ G_j および N_j であるとし，r 番目の相における j 番目の成分の化学ポテンシャルおよび分子数を，それぞれ $\mu_j^{(r)}(T,p)$ および $N_j^{(r)}$ と表わす．そうすると，この体系のギブズの自由エネルギー G と分子数 N は，次のように表わされる：

$$G = \sum_{j=1}^{m} G_j = \sum_{j=1}^{m}\sum_{r=1}^{n} G_j^{(r)}, \quad N = \sum_{j=1}^{m} N_j = \sum_{j=1}^{m}\sum_{r=1}^{n} N_j^{(r)};$$

$$G_j^{(r)} = N_j^{(r)} \mu_j^{(r)}(T,p). \qquad (5.24)$$

さて，(5.23b) によると，この m 成分・n 相系が一定の $(T, p, \{N_j\})$ のもとで釣合いの状態にあるためには，G が $N_j^{(r)}$ の変分に対して定常でなければならない．この停留値問題は，［4-1-D］分節の場合と同様に，

$$\delta \Big\{ \sum_j \sum_r [\mu_j^{(r)}(T,p) - \lambda_j] N_j^{(r)} \Big\} = 0 \qquad (5.25a)$$

と定式化される．ここに λ_j は $N_j = $ 一定という付帯条件に対する未定乗数を表わす．周知のように，この付帯条件つきの変分方程式では，$\{N_j^{(r)}\}$ をあたかも独立な変数のようにみなせるので，この式から

$$\sum_j \sum_r [\mu_j^{(r)}(T,p) - \lambda_j] \delta N_j^{(r)} = 0 \qquad (5.25b)$$

が得られる．そこで，m 個の $\{\lambda_j\}$ を

$$\mu_j^{(1)}(T,p) = \lambda_j \quad (1 \leq j \leq m) \qquad (5.26a)$$

と決めれば，残りの $m(n-1)$ 個の $\{N_j^{(s)}(s \neq 1)\}$ は独立であるので，

$$\mu_j^{(s)}(T,p) = \lambda_j \quad (s \neq 1, \ 1 \leq j \leq m) \qquad (5.26b)$$

5-2. 開放系の熱力学

を得る．つまり，これら二つの式から，

$$\mu_j^{(1)}(T,p) = \mu_j^{(2)}(T,p) = \cdots = \mu_j^{(n)}(T,p) \quad (1 \leq j \leq m) \qquad (5.26c)$$

という，$m(n-1)$ 個の平衡条件が得られるわけである．

なお，この体系の各相の内部状態を定めるのには，p と T のほかに，各相における各種分子の濃度あるいは成分の比が必要であり，その個数は各相につき $(m-1)$ 個である．つまり，必要な状態変数の個数は，全部で $[(m-1)n+2]$ 個である．これに対して，(5.26c) の条件式が $m(n-1)$ 個あるから，平衡状態で勝手にとることができる変数の数は，

$$f = [(m-1)n+2] - m(n-1) = m-n+2 \qquad (5.27a)$$

である．この f を「**自由度**」という．また，f は明らかに負にならないから，

$$m+2 \geq n \qquad (5.27b)$$

である．つまり，共存しうる相の数は，成分の数に 2 を加えたものを越えることができないのである．通常，(5.27b) は**ギブズの相律**と呼ばれている．

[5-2-C] 開放系がなす最大仕事とエクセルギー

我々は第 5-1 節において，次のような熱機関の論理を学んだ．すなわち，熱機関では，その作業物体にあるサイクリックな状態変化を行なわせて，一方向性のエントロピーの流れを作り，その流れ方の法則（すなわちクラウジウス・シュレーディンガーの不等式）に従って，この作業物体に流入した熱量を，その外部への仕事に転化しているのである．しかし，例えば我々の身体はほぼ一定の体温を維持しており，その物質・エネルギー代謝の機構は，熱機関の場合とかなり異なる．従って，シュレーディンガーの「歯車」（一種の開放系と考えられる）の役割を熱力学的に議論するためには，ある一つの開放系がその外部になし得る最大仕事に注目して，それがいかなる種類のエネルギーであるかを，明らかにすることも必要である．

最初に，ある閉じた物質系 B およびそれを取りかこむ環境体 B_o を考えて，B の温度および圧力をそれぞれ T および p とし，B_o のそれらをそれぞれ T_o および p_o とする．ただし，B_o の体積は非常に大きいものとして，T_o および p_o を一定とみなすことにする．さらに，B および B_o から熱的に絶縁されている外部作業体を考え，それを B_w とする．

さて、外部作業体 B_w が物質系 B に対してなした仕事を ΔR とし、環境体 B_o が B に対してなした仕事および B_o が B に与えた熱量を、それぞれ $p_o \Delta V_o$ および $-T_o \Delta S_o$ とする。ここに、V_o および S_o はそれぞれ B_o の体積およびエントロピーを、また ΔV_o および ΔS_o はそれらの変化を表わす。さらに、B の体積を V として、V_o と V の和が一定（すなわち $\Delta V_o = -\Delta V$）であると仮定すると、B の内部エネルギー変化 ΔE は、$\Delta E = \Delta R - p_o \Delta V - T_o \Delta S_o$ となる。また、三つの系 (B, B_o, B_w) が全体として孤立系を成すものとすれば、B のエントロピー変化 ΔS は、$\Delta S_o + \Delta S \geq 0$ を満足しなければならない。ここに、不等号および等号は、それぞれ不可逆変化および可逆変化に対して成り立つ。つまり、ΔR について、

$$\Delta R \geq \Delta E + p_o \Delta V - T_o \Delta S \tag{5.28}$$

という不等式が導かれるのである。[29]

この不等式は、外部作業体 B_w が物質系 B に対してなす最小仕事が $\Delta(E + p_o V - T_o S)$ であること、従って B が B_w に対してなす最大仕事が $-\Delta(E + p_o V - T_o S)$ であることを、意味している。つまり、

$$U \equiv E - E_o + p_o(V - V_o) - T_o(S - S_o) \tag{5.29a}$$

と定義すると、その変化 ΔU は、B が B_w に対してなす最大仕事の大きさを表わすわけである。ここに $E_o \equiv E(p_o, T_o)$ である。

ここで、ΔU の物理的意味を理解するために、

$$\Delta S = \Delta' Q / T, \quad \Delta E = \Delta' W + \Delta' Q$$

である場合（W は仕事を表わす）を考えてみると、

$$\Delta U = \Delta' W - (-p_o \Delta V) + (1 - T_o / T) \Delta' Q$$

となることがわかる。言うまでもなく、この式の右辺第二項の $-p_o \Delta V$ は、物質系 B が環境体 B_o の圧力に抗して行なう仕事の大きさを表わしており、従って外部作業体 B_w に対する有効な仕事になり得ないので、$\Delta' W$ から予めさし引かれているわけである。また、最後の項の因子 $(1 - T_o / T)$ は、温度 T の高熱源と温度 T_o の低熱源との間に働く可逆熱機関の効率に相当するものであり、$\Delta' Q$ のすべてが有効な仕事になるわけではないことを意味している。要するに、$(5.29a)$ の U は、工学の分野で**エクセルギー**と呼ばれているものであり、[31] ギ

5-2. 開放系の熱力学

ブズの自由エネルギーとはかなり異なる．

最後に，我々は物質系 B が開放系であると考えて，(5.29a) をさらに次のように拡張しなければならない：

$$U = E - E_\mathrm{o} + p_\mathrm{o}(V - V_\mathrm{o}) - T_\mathrm{o}(S - S_\mathrm{o}) - \sum_j \mu_{j\mathrm{o}}(N_j - N_{j\mathrm{o}}). \quad (5.29b)$$

ここに，N_j は B 内に存在する j 番目の成分物質のモル数であり，$\mu_{j\mathrm{o}}$ および $N_{j\mathrm{o}}$ は環境体 B_o におけるこの物質の化学ポテンシャルおよびモル数を表わす．なお，この拡張の妥当性は，N_j の変化 ΔN_j が $-U$ を $\mu_{j\mathrm{o}}\Delta N_j$ だけ変化させることから明らかである．結局，我々がこれまで探し求めてきたエネルギーは，この (5.29b) のエクセルギーであり，決してギブズの自由エネルギーではないのである．

[5-2-D] エクセルギーの成立ち[31]

本分節では，「energy」と「exergy」との相違点に注目して，後者の成立ちをふり返ってみよう．最初に，これら二つの言葉の意味を考えてみると，「ergy」の由来は仕事を意味するギリシャ語の「$\epsilon\rho\gamma o\nu$」（**エルゴン**）であり，これに「内部へ」（「外部へ」）を意味する接頭語「en」（「ex」）をつけて，「仕事をする潜在的能力」（「外部へ取り出せる仕事」）を表わす言葉が，作られたのである．

エネルギーという言葉は，1717 年にスイスの物理学者ベルヌーイによって，初めて使われたものと言われているが，この言葉が熱力学の分野で定着し始めたのは，イギリスの物理学者トムソン（のちにケルビン卿となった人）が，1851 年に彼の論文の中でこの言葉を使ってからである．そのとき，彼はすでに次のように述べている：エネルギーには，有用なエネルギー（available energy）と，有用な仕事に変わり得ない拡散エネルギー（diffuse energy）とがある；エネルギーの量は決して消失しないが，エネルギーの有用性はたえず減少しようとしている；最も有用性のおとるエネルギーは熱であり，自然の過程ではすべてのエネルギーが熱となって散逸してしまう．前分節での説明から明らかなように，この「有用なエネルギー」こそ，まさに「エクセルギー」と本質的に同じものなのである．

さて，このトムソンがさらに内部エネルギーの概念を提唱したのは，1852 年のことである．その後，エントロピーがクラウジウスによって 1867 年に発見され，これら二つの状態量をくみ合わせた自由エネルギーの概念が，1882 年にヘルムホルツによって確立された．エクセルギーは，この自由エネルギーと同様

の状態量であり,その定義式 (5.29a) の形は,一見したところ,ギブズの自由エネルギー ($G = E + pV - TS$) によく似ているが,両者の間には下記のような根本的な相違点がある.すなわち,熱力学の対象になり得る物質系は,その環境体と釣り合っていなければならないので,前者の温度や圧力などの各々の値は,後者のものと同じである.つまり,このような物質系の各状態量の値については,環境体のものとの間にまったく「ずれ」が存在しないのである.これに対して,(5.29b) のエクセルギーが有限の値をもつのは,物質系 B が環境体 B_o と異なる体積 V・エントロピー S・モル数 $\{N_j\}$ をもつ場合であり,従って B と B_o との間には,温度や圧力などの各状態量の値について,明らかに「ずれ」が存在している.つまり,エクセルギーは,B のような物質系の,いわば「環境を基準にした状態量」になっているのである.

最後に,(5.29b) の定義についてもう一言つけ加えるならば,(5.28) の公式は,実は 1958 年に出版された**ランダウ・リフシッツ**の教科書の中に示されているものである.[29] 我々はこの (5.28) に従って (5.29b) を定義したが,グランスドルフ・プリゴジンの教科書によると,[32] フランスの熱力学者ジューケがこれと同じものを,1909 年に出版された彼の著書『*Etude Thermodynamique des Machines Thermiques*』の中に,示しているそうである.この (5.29b) を「エクセルギー」と命名したのは東ドイツの熱工学者**ラント**であり,これが 1953 年のことである.その後 1956 年に,ドイツ技術者協会(VDI)の合議によって,この名称が正式な学術用語として採択され,東ドイツを中心にして東欧圏に広まっていったようである.上記のランダウ・リフシッツの教科書には,エクセルギーという言葉がまったく見当らないが,おそらく彼らはこの風潮をロシヤで見守っていたのであろう.

5-3. 一方向性の物質転換・エネルギー変換・情報伝達とサイクリックな状態変化

[5-3-A] 一方向性のエクセルギー変換と可逆サイクル

すでに第 1-3 節で触れたように,生体の「絶体的不可逆性」を如実に示す個体発生や,細胞内の基本的な諸不可逆系で行なわれている一方向性の物質転換・エネルギー変換・情報伝達などは,我々に「生命の論理」を暗示している根本的現象であり,それらの解明は今後の基礎生物科学に対する最も重要な課題と考えられる.そこで,まず本分節では,最も簡単な一つの開放系を想定して,そ

5-3. 一方向性の物質転換・エネルギー変換・情報伝達とサイクリックな状態変化

の外部との物質・エネルギーのやり取りを考慮したエクセルギーに注目し，それが（すなわち物質・エネルギーが）ある一つの方向に向かって流れるためには，その開放系がどのような状態変化を行なわなければならないか，その必要・十分条件を導いてみよう．

まず，簡単のために次のように仮定して，この一方向性のエクセルギー変換に対する必要条件を考えてみる：（1）注目している開放系のエクセルギー U は，二つの状態変数 (x,y) の関数である（例えば，モル数 N の1成分系を想定して $(x,y)=(S,N)$ ととれば，熱量および物質の流入・流出が考慮されることになる）；（2）この $U(x,y)$ は，x と y がそれぞれ2段階で変化することによって，図5-5に示したような，4ストロークのサイクリックな可逆変化を行なう． さて，例えば図5-5の過程 ① について，外部から流入したエクセルギー e_1 による U の変化を，

$$\Delta U_1 \equiv U_2 - U_1 = U(x_2, y_1) - U(x_1, y_1) = e_1 \tag{5.30a}$$

と表わす（ほかの三つの過程についても，これと同様に定義する）ことにすると，状態変数 x または y が変化したことによるエクセルギー変化 ΔU_x または ΔU_y は，それぞれ

$$\Delta U_x = \Delta U_1 + \Delta U_3 = e_1 - e_3, \quad \Delta U_y = \Delta U_2 + \Delta U_4 = e_2 - e_4 \tag{5.30b}$$

で与えられ，これら二つの量の間には，

$$\Delta U_x = -\Delta U_y \quad (e_1 + e_2 - e_3 - e_4 = 0) \tag{5.31}$$

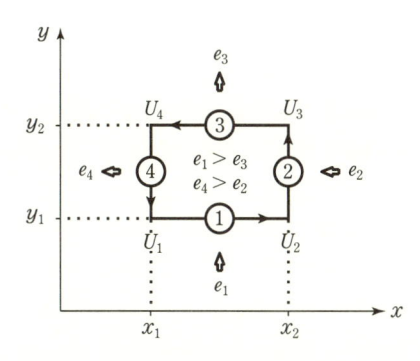

図5-5 エクセルギーが二つの状態変数の関数である場合には，4ストロークのサイクルの存在が，一方向性のエクセルギー変換に対する必要・十分条件である．

という関係が成り立つ．従って，図5-5のサイクルの向きおよび (e_1, e_3) が，$\Delta U_x > 0$ $(e_1 > e_3)$ となるように決められているならば，エクセルギーは，x に関連したものから y に関連したものへ，確実に変換される．つまり，図5-5のサイクルは，一方向性のエクセルギー変換に対する必要条件である，というわけである．

次に，方程式 (5.31) の十分条件を考えてみよう．はじめに，二つの状態変数 x および y の変化がそれぞれ1段階で起こるものと仮定して，(5.30b) に相当するものを，次のように表わしてみる：

$$\Delta U_x = U(x_2, \alpha) - U(x_1, \alpha), \quad \Delta U_y = U(\beta, y_2) - U(\beta, y_1).$$

そうすると，初期条件 $U(x_1, \alpha) = U(x_1, y_1)$ から $\alpha = y_1$ と得られるので，$\beta = x_1$ または $\beta = x_2$ の場合には，それぞれ

$$\Delta U_x + \Delta U_y = U(x_2, y_1) - 2U(x_1, y_1) + U(x_1, y_2) \neq 0,$$

$$\Delta U_x + \Delta U_y = -U(x_1, y_1) + U(x_2, y_2) \neq 0$$

となることがわかる．つまり，x および y の変化がそれぞれ1段階で起こる場合には，(5.31) を満足する解がまったく存在しないのである．

そこで，x と y がそれぞれ2段階で変化するものとして，

$$\Delta U_x = U(x_2, \alpha) - U(x_1, \alpha) + \epsilon \big[U(x_2, \beta) - U(x_1, \beta) \big],$$

$$\Delta U_y = U(\gamma, y_2) - U(\gamma, y_1) + \epsilon \big[U(\delta, y_2) - U(\delta, y_1) \big]$$

と表わし，$\alpha \neq \beta$ かつ $\gamma \neq \delta$ とする．そうすると，初期条件 $U(x_1, \alpha) = U(x_1, y_1)$ から $\alpha = y_1$ と得られるので，仮定 $\beta \neq \alpha$ によって，$\beta = y_2$ でなければならない．また，仮定 $\gamma \neq \delta$ によると，$(\gamma, \delta) = (x_1, x_2)$ または $(\gamma, \delta) = (x_2, x_1)$ である．従って，(5.31) を満足する解は，$(\epsilon, \gamma, \delta) = (-1, x_2, x_1)$ の場合（すなわち図5-5のサイクル）だけに限られる．

要するに，二つの状態変数 (x, y) がそれぞれ2段階で可逆的に変化することによる一方向性のエクセルギー変換については，その基本方程式が (5.31) で与えられ，この式の必要かつ十分な条件が図5-5の4ストローク・サイクルである，というわけである．

[5-3-B] 一方向性の情報伝達と可逆サイクル

すでに[2-2-A]分節で述べたように,情報の役割は,熱力学において最も重要な発言権を有しているエントロピーのそれとまったく同じである.なぜならば,情報はそれを受容する巨視的物質系の状態およびその変化の方向を規定するのみならず,さらにその物質系と相互作用している他の物質系へも,それ自身とは異なるタイプの情報を伝達し得るからである.第4-4節で説明したように,この情報の本質について,その最初の定式化を試みたのが,ブリルアンである.すなわち,彼はシュレーディンガーが逆説的に用いた「負エントロピー」という言葉の意義を重視して,この負エントロピーが物理単位の情報量そのものであることに注目し,両者の間の変換が図4-2の方式に従うものとして,情報の受容・変換・伝達に対する彼独自の理論を建設したのである.また,筆者らも,この情報とエントロピーとの密接な関連性を的確かつ簡潔に理解するために,「情報入手」という言葉で表現される現象の本質が「エントロピーの流入・発生」であることを明らかにした([4-5-B]分節を見よ).そこで本分節では,一方向性のエントロピー伝達が一方向性の情報伝達の原因であると考えて,一つの開放系を前分節の場合とまったく同じ仮定でとり扱い,その系を介して一方向性のエントロピー伝達が起こるためには,その開放系がいかなる状態変化を行なわなければならないか,その必要・十分条件を導いてみる.

まず,注目している開放系のエントロピー S が二つの状態変数 (x,y) の関数であると仮定し,図5-6に示した4ストロークの可逆サイクルについて,一方向性のエントロピー伝達に対する必要条件を考えてみる.いま,(5.30a)の場合

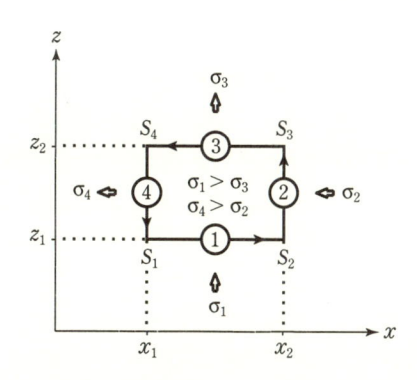

図5-6 エントロピーが二つの状態変数の関数である場合にも,4ストロークのサイクルの存在が,一方向性のエントロピー変換に対する必要・十分条件である.

とまったく同様に，図5-6の過程 ① におけるエントロピー変化を，

$$\Delta S_1 \equiv S_2 - S_1 = S(x_2, z_1) - S(x_1, z_1) = \sigma_1 \qquad (5.32a)$$

と表わすことにすると（σ_1 は外部から流入したエントロピーである），状態変数 x または z が変化したことによるエントロピー変化 ΔS_x または ΔS_z は，

$$\Delta S_x = \Delta S_1 + \Delta S_3 = \sigma_1 - \sigma_3, \quad \Delta S_z = \Delta S_2 + \Delta S_4 = \sigma_2 - \sigma_4 \qquad (5.32b)$$

で与えられ，これら二つの量の間には，

$$\Delta S_x = -\Delta S_z \quad (\sigma_1 + \sigma_2 - \sigma_3 - \sigma_4 = 0) \qquad (5.33)$$

という関係が成り立つ．従って，図5-6のサイクルの向きおよび (σ_1, σ_3) が $\Delta S_x > 0$ となるように決められているならば，エントロピーは，x に関連したものから z に関連したものへ，確実に変換されることになる．つまり，図5-6のサイクルは，一方向性のエントロピー変換 (5.33) に対する必要条件である．

次に，(5.33) の十分条件を証明しなければならないが，この証明は前分節のエクセルギー変換の場合とまったく同様にして遂行される．要するに，二つの状態変数がそれぞれ2段階で可逆的に変化することによる一方向性のエントロピー伝達の場合には，その基本方程式が (5.33) であり，その必要・十分条件が図5-6に示した4ストロークの可逆サイクルである，というわけである．なお，図5-5の過程 ① におけるエクセルギー変化 ΔU_1 が，図5-6の過程 ③ におけるエントロピー変化 ΔS_3（すなわち σ_3）に起因するものと想定すると，これら二つのサイクルの間の相互作用を論ずることもできるが，[33] 生体系におけるエネルギー変換系と情報伝達系との相互作用を本格的に定式化することは，かなり先の問題であるので，本書ではその説明を省略することにしよう．

[5 - 3 - C]　物質・エネルギー・エントロピーの一方向性の流れと不可逆サイクル [34]

本分節では，これまで本章において検討してきた諸問題を，さらに一般的かつ総括的に議論するために，三つの1成分系 (A_i, A, A_o) からなる一つの孤立系 A_Σ を想定し，その構成分子と同一のものが ΔN_Σ モルだけ外部から A_Σ へ準静的に流入することによって，その内部に分子・エネルギー・エントロピーの一方向性の流れが引き起こされるものと仮定し，この流れに対する基本方程式およびその必要・十分条件を考えてみる（図5-7を見よ）．

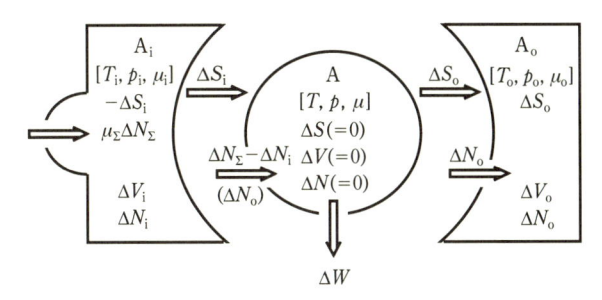

5-3. 一方向性の物質転換・エネルギー変換・情報伝達とサイクリックな状態変化

```
   A_i                              A_o
[T_i, p_i, μ_i]   ΔS_i    A    ΔS_o  [T_o, p_o, μ_o]
 -ΔS_i                 [T, p, μ]      ΔS_o
 μ_Σ ΔN_Σ   ΔN_Σ-ΔN_i  ΔS(=0)   ΔN_o
                       ΔV(=0)
 ΔV_i        (ΔN_o)    ΔN(=0)         ΔV_o
 ΔN_i                                 ΔN_o
                       ΔW
```

図 5-7 ΔN_Σ モルの同一分子が準静的に流入することによって引き起こされる一方向性の分子・エネルギー・エントロピーの流れ。小括弧の中の数字や記号は、1 成分系 A が不可逆サイクルをなす場合のものである。

まず、同一の分子からなる三つの 1 成分系 (A_i, A, A_o) の温度・圧力・化学ポテンシャル (すなわち示強変数) を、それぞれ (T_i, p_i, μ_i), (T, p, μ) および (T_o, p_o, μ_o) と表わす。そして、A の状態が不可逆的に変化して、そのエントロピー・体積・モル数 (すなわち示量変数) が ($\Delta S, \Delta V, \Delta N$) だけ変化する間に、$A_i$ および A_o においてはそれらの示量変数がそれぞれ ($-\Delta S_i, \Delta V_i, \Delta N_i$) および ($\Delta S_o, \Delta V_o, \Delta N_o$) だけ変化するものとする。ただし、前者および後者の変化による示強変数 (T_i, p_i, μ_i) および (T_o, p_o, μ_o) のそれぞれの変化については、我々はそれらの影響をまったく無視する。なぜならば、これらの示強変数変化がそれぞれ A_i および A_o の内部エネルギー変化に及ぼす影響は、二次の微小量にすぎないからである。

次に、ΔN_Σ モルの分子が外部から運んでくるエネルギーを $\mu_\Sigma \Delta N_\Sigma$ とし、かつ A が外部の被作業物体 (熱的に絶縁されているものとする) になす仕事を ΔW と表わす。そうすると、エネルギー保存の法則によって、A の内部エネルギー変化 ΔE が次のように求められる:

$$\Delta E = \mu_\Sigma \Delta N_\Sigma - \Delta W + T_i \Delta S_i - T_o \Delta S_o$$
$$+ p_i \Delta V_i + p_o \Delta V_o - \mu_i \Delta N_i - \mu_o \Delta N_o. \quad (5.34a)$$

ここで、A_i と A_o との間には各示強変数の値についてわずかな「ずれ」しかない (これは生体系の一つの特徴と考えられる) ものとして、

$$T_i = \bar{T} + \Delta T_i, \quad p_i = \bar{p} + \Delta p_i, \quad \mu_i = \bar{\mu} + \Delta \mu_i,$$
$$T_o = \bar{T} - \Delta T_o, \quad p_o = \bar{p} - \Delta p_o, \quad \mu_o = \bar{\mu} - \Delta \mu_o \quad (5.34b)$$

と表わす．ここに，例えば $\bar{T}$ は，T_i と T_o の平均値に相当するものである．そして，$\Delta T_i \Delta S_i$, $\Delta T_o \Delta S_o$, $\Delta p_i \Delta V_i$, $\Delta p_o \Delta V_o$, $\Delta \mu_i \Delta N_i$, $\Delta \mu_o \Delta N_o$ などの二次の微小量をすべて省略する．そうすると，(5.34a) は次のように簡略化される：

$$\Delta E \simeq -\Delta W + (\mu_\Sigma - \bar{\mu})\Delta N_\Sigma - \bar{T}(\Delta \Sigma - \Delta S)$$

$$+ \bar{p}(\Delta V_\Sigma - \Delta V) + \bar{\mu}\Delta N; \Delta \Sigma = -\Delta S_i + \Delta S + \Delta S_o,$$

$$\Delta V_\Sigma = \Delta V_i + \Delta V + \Delta V_o, \quad \Delta N_\Sigma = \Delta N_i + \Delta N + \Delta N_o. \tag{5.34c}$$

さて，エントロピー増大の法則によると，孤立系 A_Σ の状態が不可逆的に変化する場合には，次式が成り立たなければならない：

$$\Delta \Sigma > 0 \quad \text{すなわち} \quad \Delta S_i - \Delta S_o < \Delta S. \tag{5.35a}$$

ここに $\Delta \Sigma$ は A_Σ におけるエントロピー変化である．従って，この式を (5.34c) と組み合わせることにより，

$$\Delta W < -\Delta(E - \bar{T}S + \bar{p}V - \bar{\mu}N) + \bar{p}\Delta V_\Sigma + (\mu_\Sigma - \bar{\mu})\Delta N_\Sigma \tag{5.35b}$$

が導かれる．なお，この式の妥当性を確認するために，$\Delta N = \Delta V_\Sigma = \Delta N_\Sigma = 0$ の場合を考えてみると，被作業物体に対する A の最大仕事が $-\Delta(E + \bar{p}V - \bar{T}S)$ と得られ，(5.28) の結論と一致することがわかる．

最後に，A がサイクリックな不可逆的状態変化を行なう（つまり不可逆サイクルをなす）場合に注目して，(5.35) を書き直してみると，

$$\Delta S_i - \Delta S_o < 0, \quad \Delta W < (\mu_\Sigma - \bar{\mu})\Delta N_\Sigma + \bar{p}\Delta V_\Sigma;$$

$$\Delta N_\Sigma = \Delta N_i + \Delta N_o, \quad \Delta V_\Sigma = \Delta V_i + \Delta V_o \tag{5.36}$$

が導かれる．なぜならば，A の示量変数 (S, V, N) および内部エネルギー E は状態量であるので，A がサイクルを行なって初めの状態に戻ったときには，これら状態量の変化も 0 になっているからである．

言うまでもなく，(5.36) の第一式は (1.1) のシュレーディンガー不等式そのものであり，クラウジウスの不等式 (5.6a) を一般的に拡張したものと考えられる．すなわち，この第一式によれば，A の不可逆サイクルによって，$\Delta S_i < \Delta S_o$ という一方向のエントロピー移動が，たしかに引き起こされる．また，外部から分子を流入させる場合には

5-3. 一方向性の物質転換・エネルギー変換・情報伝達とサイクリックな状態変化　　93

$$\mu_\Sigma - \bar{\mu} > 0, \quad \Delta V_\Sigma > 0 \tag{5.37}$$

であることに注意して，(5.36) の第二式を眺めてみれば，A は上記のエントロピー移動を利用して，外部の被作業物体に正の仕事 ΔW を行なえることもわかる．つまり，一方向性のエネルギー・分子の移動が起こっているわけである．さらに，(5.36) の第一式を (5.35a) と比べてみれば，このシュレーディンガー不等式の必要・十分条件は「不可逆サイクル」の存在であることもわかる．なぜならば，A が不可逆サイクルを行なっている場合には，$\Delta S = 0$ となるので (5.36) の第一式が成り立ち，逆にこの第一式が成り立つためには，$\Delta S = 0$ で（すなわち A は初めの状態に戻ら）なければならないからである．

要するに，シュレーディンガー不等式 (1.1) は，生体系での物質・エネルギー・エントロピーの一方向性移動に対する基本方程式と考えられるのである．また，その必要・十分条件は不可逆サイクルの存在であるから，シュレーディンガー不等式に従う数多くの不可逆サイクルを有機的に連結して，一つの体系をつくり上げるならば，その体系はその各不可逆サイクルを一つの「歯車」とする一種の**時計仕掛け**と言えるであろう．

[5 - 3 - D]　　シュレーディンガー不等式の意義 ── 「負エントロピーを食べる歯車」は不可逆サイクルをなす

本章では，まず第 5 - 1 節の前半において，我々は次のような「熱機関の論理」を学んだ：(1) 単に二つの物体を接触させるだけでは，決して正の仕事（すなわち外界に対してなす仕事）が得られないので，熱機関では，二つの熱源の間に一つの作業物体を介在させて，正の仕事をつくり出している；(2) この作業を保証する基本方程式は，シュレーディンガーの不等式 (1.1) とまったく同一の形式・内容をもつクラウジウスの不等式 (5.6a) であり，その必要・十分条件は作業物体が不可逆サイクル（すなわちサイクリックな不可逆的状態変化）を行なうことである．すなわち，熱機関（図 5 - 2 を見よ）では，一方向性のエントロピー移動 $\Delta S_i < \Delta S_o$（従って一方向性の熱量移動 $Q_i > Q_o$）が，作業物体の行なう不可逆サイクルによって引き起こされ，残りの熱量 $(T_i \Delta S_i - T_o \Delta S_o)$ すなわち $(Q_i - Q_o)$ が，この移動に便乗して外界への仕事 W に円滑に転化されるのである．次に，第 5 - 1 節の後半では，カルノー・サイクル，オットー・サイクル，ディーゼル・サイクルなどの 4 ストローク可逆サイクルについても，上記のような考察を行なった．そして，これらのサイクルでも，一方向性のエ

ントロピー移動がやはり基本的な役割を演じていることを明らかにした．

　言うまでもなく，熱機関における一方向性のエントロピー移動（すなわち $\Delta S_i < \Delta S_o$）は，それを引き起こしている作業物体があたかも「負エントロピー状態」にあるかのような状況（すなわち $\Delta S_i - \Delta S_o < 0$）をつくり出しており，しかもこの状況に対する必要・十分条件は作業物体のなす不可逆サイクルである．従って，上記の熱機関の論理は，負エントロピーを食べるシュレーディンガーの「歯車」が一種の不可逆サイクルであることを，強く示唆するものである．しかし，この「歯車」は次の二つの点において，熱機関中の作業物体と根本的に異なっている：(A) この「歯車」では化学物質の出入りもある；(B) ある「歯車」とその周囲の「歯車」との相互作用を考えてみると，そこには熱機関の高熱源・低熱源に相当するものが全く存在せず，これら「歯車」の集合体はほぼ一定の温度や圧力を維持している．

　そこで，第5-2節では，外界との間にエネルギー・エントロピーのみならず物質をもやり取りする開放系に注目して，それを取り扱う熱力学の要点を説明し，とくに次の三つの点を強調した：(a) 開放系の熱力学では，ギブズの自由エネルギーが本質的な役目をはたす；(b) しかし，[5-2-C] 分節で考えた開放系 B の場合には，エクセルギー (5.29a) の変化 ΔU が，B のなす最大仕事の大きさを表わす；(c) このエクセルギーは，いわば「環境体 B_o を基準にした B のギブス自由エネルギー」であるが，ギブス自由エネルギーそのものとは似而非者（似て非なる者）である．残念ながら，基礎生物科学の分野では，このエクセルギーの重要性があまり知られていない．

　最後に，第5-3節では，生体系における物質・エネルギー・エントロピーの一方向性移動の起源を明らかにするために，まず最も簡単な4ストロークの可逆サイクルに着目して，エクセルギーやエントロピーの「一方向性の移動」と「サイクリックな状態変化」との密接な関連性を調べた．次に，この関連性をさらに一般的かつ総括的に議論するために，三つの1成分系からなる孤立系 A_Σ（図 5-7 を見よ）を想定し，その構成分子と同一のものが外界から A_Σ へ準静的に流入することによって，その内部に分子・エネルギー・エントロピーの一方向性の流れが引き起こされるものと仮定し，この流れを保証する基本方程式およびその必要・十分条件を考えてみた．ただしその際，シュレーディンガーの「歯車」に対する前記の二つの要件 (A)・(B) は考慮されたが，第4章で述べた「情報入手に伴うエントロピー発生」は，まったく無視された（この問題の定式化については第7章を見よ）．

5-3. 一方向性の物質転換・エネルギー変換・情報伝達とサイクリックな状態変化

言うまでもなく，三つの1成分系 (A_i, A, A_o) からなる孤立系を想定した理由は，たんに二つの1成分系 (A_i, A_o) を直接的に接触させるだけでは，外界になす正の仕事が決して得られないからである．すなわち，A_i と A_o が全体として孤立系をなす場合には，その状態が必ずエントロピー増大の法則に従って変化するので，その状態変化がどのようなものであっても，それは (5.4) の結論によって，外界に正の仕事を行なうことができないのである．なお，このことは，(5.36) の結論からも明らかである．なぜならば，$\Delta V_\Sigma = \Delta N_\Sigma = 0$ の場合には，(5.36) から，二つの条件 $\Delta S_o - \Delta S_i > 0$ および $\Delta W < 0$ が得られるからである．

以上のような検討の結果，シュレーディンガー不等式 (1.1) は，生体系での物質・エネルギー・エントロピーの一方向性移動に対する基本方程式と考えられること，そしてその必要・十分条件は不可逆サイクルの存在であることが判明した．つまり，(1.1) を満足する不可逆サイクルは，いわゆる「負エントロピー状態」にあるので，それはシュレーディンガーが提唱した「負エントロピーを食べる歯車」に相当するものであり，従ってこのような不可逆サイクルを構成要素とする体系は，「時計仕掛け」の構造をもつ，といえるわけである．この結論は，[1-2-A] 分節で触れたシュレーディンガーの二つの提言 (2)・(3) の妥当性のみならず，両者の間の密接な関連性をもあわせて示すものである ([1-2-D] 分節を見よ)．

[参考文献]

29) L.D. Landau and E.M. Lifshitz : Statistical Physics, Vol. 5 of Course of Theoretical Physics, Pergamon Press, London−Paris, 1959, §19・§20 (pp. 55-60).
30) 西脇仁一編：熱機関，東京大学基礎工学 **6**，東京大学出版会，1965, pp. 43.
31) 押田勇雄：エクセルギー講義，太陽エネルギー研究所，第1章，1986.
32) 参考文献31の11ページを参照のこと．
33) 鈴木英雄・吉岡　亨：生体内のエネルギー変換・情報伝達に関する物理学的諸問題，早稲田大学理工学研究所報告第134輯，1991, pp. 51-65.
34) E. Ito, E. Shiomitsu, and H. Suzuki : A thermodynamical study of the clockwork hypothesis proposed by E. Schrödinger, to be published in Biophys.Chem., **88** (2000).

6. 「時計仕掛け」仮説から見た生体内の計時機構

　　　　　　　　物質・エネルギー・エントロピーの一方向性移動を説明するには，不可逆サイクルの関与が不可欠であることを，前章で詳しく述べたが，生体が自然のなかで示す種々の反応や行動を眺めてみると，ある一定（たとえば1日，1ヶ月あるいは1年）の周期で正確にくり返されるものが非常に多く，その中でも，ほぼ1日周期の「概日リズム」に関連した現象が，とくに際立っている．そこで本章では，この概日リズムを中心にして，その精巧な計時機構に対するこれまでの研究成果を，シュレーディンガーの「時計仕掛け」仮説の観点から，概観してみる．

6-1. 周期的な生体の反応や行動[35]

[6-1-A] はじめに

　我々の祖先が正確な暦法・時法を確立したのは，古代アジア社会の時代である．この古代社会は，紀元前何千年という時代に，エジプトのナイル河，バビロニアのチグリス・ユーフラテス両河，インドのガンジス河，中国の黄河などの流域に形成された農業社会であり，従ってそこでは，季節・月・日時およびそれらの変化を正確に知るために，精密な天文観測が盛んに行なわれたのである．現在我々が時間の基本単位として用いている1年，1ヶ月，1日，1時間，1分および1秒は，すべてこの古代社会の暦法・時法によるものである．

　一方，地球上での生物進化を省みると，それは約40億年にわたって，地球の自転・公転や月の運動の影響をたえず受けてきたわけである．そこで，生体が自然のなかで示すさまざまな反応や行動を調べてみると，ほぼ1日，約1ヶ月，あるいは1年程度の周期でくり返されるものが数多く見出される．つまり，我々の暦法・時法が確立された時代から何十億年も前に，生体には精巧な計時

6-1. 熱機関の論理　　　　　　　　　　　　　　　　　　　　　　　　　　　　97

機構がすでにそなわっていたと考えられるのである．

[6-1-B]　　ほぼ1年周期の反応や行動

　まず，ほぼ1年周期の生体反応を眺めてみると，例えば植物は四季のうつり変わりを正確に判断して，種子の休眠を破って発芽させ，茎や葉の成長を促し，花をさかせ，実をつくり，ふたたび不適当な環境が訪れる前に休眠してしまう．このような場合にも，地球の自転・公転による1日の明暗の相対的長さの変化が，植物にとって何よりも確かな季節を知る手掛かりになっている．約50年前まで，生物学者たちは，1日の明暗の相対的長さの変化に対して生体の示す反応を，光周性反応と定義してきた．しかし，その後の研究によれば，各光周性反応には固有の限界暗期があり，生体はこの暗期に対する夜の長さの変化を正確に感知して，季節の変動に対処している．つまり，**光周性**とは，夜の長さの変化に対する生体の反応性である，と言えるのである．

　通常，夜の長さが限界暗期より長く（短く）なったときに起こる光周性反応を，短日性（長日性）反応と呼んでいる．ダイズ・イネ・アサガオなどが短日植物と呼ばれるのは，それらの生殖成長が短日性反応であることに由来しており，それらの栄養成長は生殖成長とは反対の長日性反応である．ホウレンソウ・コムギ・アヤメなどの長日植物については，これと全く逆のことが言える．

　言うまでもなく，光周性を示す生物はなにも植物に限らない．いま，動物の生殖活動に焦点を絞って，その光周性を概観してみると，シカやクマの性活動は短日性反応として，またウグイスの性活動やニワトリの産卵は長日性反応として，昔からよく知られてる．動物を取りまく外部環境にはいろいろな要因があるが，その生殖活動に大きな影響を及ぼすものは食物・光・温度であり，しかもこれらはいずれも太陽の運行周期によって規定されている．なお，赤道帯のように，昼の長さがほぼ一定の所では，光量（とくに紫外線量）が動物の生殖活動や植物の生殖成長などに影響を及ぼす，と言われている．

[6-1-C]　　ほぼ1ヶ月周期の生物活動

　つぎに，ほぼ1ヶ月周期の生物活動を調べてみると，夜行性あるいは薄明型の動物の生殖活動が，とくに際立っている．例えば，ヨタカは月の運行周期のある特定の時期に排卵して，つぎの満月のころにひなを育てる，と言われている．つまり，満月の夜ならば，薄明型のヨタカは一晩中食物を探すことができる，というわけである．また，成熟期にある女性の月経は，ほぼ1ヶ月周期の

生理現象に関する最も卑近な例である．その起源をたどれば，おそらく生物が太古の海の中で潮の満干を感知していたころまで，遡ることになるのであろう．

ちなみに，海の沿岸帯に生息する動物の産卵・放精は，それぞれ固有の月周期性をもっている．例えば，パロロ（水底にすむゴカイ類の一種）は，1年に1回 10～12 月の下弦の月のころ，真夜中または明け方の干潮時に，からだの後部をきり離して群泳し，産卵・放精を行なう．また，棘皮動物のコマチは秋の小潮のときに産卵し，ウミユスリカは新月または満月の前後に羽化する．なお，潮汐周期活動は，海産とくに潮間帯付近の生物にひろく見られる日周期性のもの（シオマネキの活動休止はその一例）であるが，この活動において重要な役目をはたす K^+/Ca^{2+} などのイオン拮抗関係は，月周期性のものと考えられている．

[6-1-D] **ほぼ1日周期の生物活動**

最後に，ほぼ1日周期の**概日リズム**に関連した生物活動に注目してみると，それは生物界全体にわたって最も広くかつ顕著に見られるものであり，我々の日常生活においても際立っている．このリズムは，第一に，生命の本質とも言えるものである．なぜならば，我々の生命が日々復元し，しかもこの繰り返しが限りなく続くならば，それは永遠の命を意味するからである．おそらく光周性反応も，このリズムが季節とともに変動することによって，引き起こされるのであろう．第二に，このリズムは，その機構が時計のようにでき上がっていること（すなわちシュレーディンガーの「時計仕掛け」仮説の妥当性）を，強く示唆するものである．おそらく，この機構を構成している各部分も，いわば時計の時針，分針，あるいは秒針に相当する役目を果たしているのであろう．なぜならば，これら部分系の状態が復元しなければ，それらの有機的な連結によるその機構全体の状態も，けっして復元しないからである．

さて，概日リズムは，文字通りほぼ1日 (circadian：circa＝ほぼ，dia＝1日) の周期をもつが，ある個体のある活動に着目すると，その周期は非常に正確なものであり，日々の周期のふれはごくわずかなものと言われている．また，明るさや温度などの環境条件を恒常に保つと，そのリズムが直ちに消失するものもあるが，多くの場合，それらのリズムは恒常条件下でも長期間にわたって持続するので，基本的には環境条件の日周期性とは独立の，生得的・内因的な生物リズムに依存するものと考えられている．いわゆる**体内時計**は，「生物の活動や機能の解発がこの生物リズムの特定の位相に合わされている」ことを説明するために想定された計時機構であるが，このような発想の動機は，ミツバチが

恒明・恒温条件下で一定の餌場に毎日集まることを学習し得ることや，ある渡り鳥がある時刻における太陽の位置から一定の方位をしり得ることなど，の発見であった．

さらに，我々の生命が日々復元する様子から容易に推量されるように，概日リズムの周期は常温の範囲ではあまり温度の影響を受けないし，また代謝の阻害剤によって大きく乱されることもない．しかし，外界の明暗には著しく左右される．例えば，代表的な短日植物であるダイズの光感受性を調べてみると，それは1日の周期で交代しており，1日がそれぞれ約12時間の親明相および親暗相からなっている．従って，ダイズの花芽の分化は，単にその限界暗期以上の暗期によって誘導されるようなものではなく，その暗期が正しく親暗相に与えられるか否かに左右される．また，ダイズの花芽形成が短日条件のもとで行なわれているときに，その暗期を親明相の所で光中断して長日条件に戻すと，ダイズはいったん開始した花芽形成（すなわち生殖成長）を中止し，栄養成長を再開するのである．長日植物の場合はこれと反対であり，短日条件下の栄養成長が親明相の所での光中断によって，生殖成長にきり換えられる．

概日リズムに関するもう一つの重要な知見は，その位相が昼夜の明暗交代によって調節されていることである．この事実は，明暗交代の周期を人工的に逆転させることによって，容易に証明される．すなわち，生物を夜間には人工光でてらし，日中には暗所におくと，体内リズムは逆転した明暗周期に対して，多少の差があっても速やかに適応する．例えば，アカザの葉の日周運動では，この適応が1日か2日で十分に行なわれる．また，夜勤などで我々の生活が逆転すると，体温のリズムも約1週間で完全に逆転する．これまでの研究によれば，明暗交代の逆転に適応するために16日以上が必要であった例は，動植物を問わずまだ報告されていない．このように，体内時計の時刻合せは，昼夜の明暗交代を利用して，最も効果的に行なわれているのである．

6-2. 概日リズムの特徴 [36-39]

[6-2-A] 概日リズムは一般的に三つの特徴をもつ

概日リズムは，バクテリアから真核生物に至るまで，ほとんどすべての生物について研究されてきた．その結果わかったことは，概日リズムが次の三つの特徴をもつことである：(1) 恒常的環境条件のもとでは，生物の行動・生理・生化学的応答が，ほぼ24時間の周期で自律的な振動を行なっている；(2) 体

内の概日リズムを，体外の光環境条件の周期的変動に，同調させる機構をもっている；これにはリズムの周期と位相の両方の制御が含まれている；(3) 10°Cの温度変化に対する概日リズムの温度係数 Q_{10} は 0.8〜1.3 の範囲内にあり，ほぼ温度補償性を保っている．さらに，概日リズムを作りだす概日時計の構成要素については，行動レベルで少なくとも三つの要素を含んでいることもわかってきた：(a) 体外の環境情報（たとえば明暗パターン）を体内の概日ペースメーカーに伝達する入力経路がある；(b) 概日振動を生みだす自律ペースメーカーがある；(c) 概日ペースメーカーがさまざまなリズムを出力するための出力経路がある．なお，概日リズムの入力経路・出力経路は，それぞれの生物に固有の特異性を示すが，それにもかかわらず，概日ペースメーカーの中心となる機構は，すべての生物で基本的に似ていることがわかってきた．しかし，ペースメーカー機構のこれらの類似性が，機能的に相似しているのか，あるいは系統発生的に相同であるのか，この問題はまだ不明のままである．

[6-2-B]　概日時計は特異的な領域に局在している

　脊椎動物では，概日時計（概日ペースメーカー）が，中枢神経系の特異的な領域（三つの間脳領域）で確認されている：哺乳類の視床下部視交叉上核 (SCN)，鳥類・爬虫類・魚類の松果体，両生類・魚類の網膜．この概日時計の所在は，着目している組織が単離され，それが恒常条件下で概日リズムを持続的に出力することから，明らかにされてきた．たとえば，SCN が哺乳類の概日ペースメーカーである証拠は，ラットの SCN 領域を電気的または薬理学的に刺激すると，概日リズムに位相変位が生ずること，またハムスターの SCN を 75％以上外科的に除去すると，運動活動・摂食・体温制御・ホルモン分泌などのリズムが消えること，から証明されている．また，SCN 除去後に他個体の SCN 神経片を移植すると，リズムの周期や位相といったペースメーカーの特性が，受容した個体のものよりも，むしろ供与した個体の特性を示す，という実験事実も示された．なお，無脊椎動物では，カイコガの脳，ショウジョウバエの脳，ゴキブリの視葉，軟体動物の眼などで，概日ペースメーカーの特異的局在が知られている．

[6-2-C]　概日時計は細胞自律的である

　多細胞動物の概日時計の細胞学的性質は，比較的最近になって確立された．脊椎動物の細胞レベルでの概日リズムは，鳥類の松果体，齧歯類の SCN，鳥類の網膜などから得られた初代細胞培養について研究されている．松果体・SCN・

6-2. 概日リズムの特徴

網膜からの初代細胞培養は、概日リズムをうみ出せるが、これらの実験はリズムの発生が細胞間現象なのか細胞内現象なのかを直接扱っているわけではない。実際には、これまでの長い間、概日リズムは組織の有機的体系化と細胞間コミュニケーションを必要とする、と考えられてきた。しかし、概日ペースメーカーは多細胞生物における細胞自律性に依存するという直接的な研究が、海産軟体動物ナツメガイを使って成しとげられた。すなわち、1個1個分けて培養したナツメガイの基底網膜ニューロンにおいて、膜コンダクタンスの概日リズムが観察された。この実験は、単離したナツメガイのニューロンが概日リズムの発生には十分であり、細胞間でのコミュニケーションがこの現象において必ずしも必要ではないことを意味した。

さらには、SCNが哺乳類において概日リズムで振動するすべての系を制御している親時計なのであろうか、という疑問も生じるが、それはおそらく違うであろうと考えられている。遺伝プログラムされた概日ペースメーカーがゴールデンハムスターの網膜で見つかっているが、これはSCNとは独立に活動している。また、ショウジョウバエでは、マルピーギ管（腎臓のような働きをする器官）が、概日リズムに従って特異的な遺伝子を発現させるものの、自律的概日ペースメーカーが体内のいたる所に存在することもわかっている。これらのことは、個々の細胞が自分自身の独立した時計をもち得ることを示唆している。多様に広がったこれら時計細胞の活動が、何らかの方法で整理統合されているのか否かは、まったくわかっていない。異なる生理的状況に対応するために、わざわざ種々の時計が別々の解剖学的構造に備わっており、そのような並列の時計が重なり合って出力を調節している、というアイデアも出されている。

[6-2-D] 遺伝子発現は概日リズムのあらゆるレベルで関与している

概日ペースメーカーのレベルでは、蛋白質の合成がリズムの進行に必要である。入力レベルでは、哺乳類のSCNにおいて、最初期遺伝子（immediate early gene）が光によって誘導されている。また、出力レベルでは、多くの標的遺伝子が概日時計において転写調節されている。

「概日ペースメーカー：蛋白質合成の臨界期」

概日時計の機構は、多種多様な生物において、転写と翻訳の過程に関与している。これは、次の二種類の結果に基づいている：(1) 概日リズムに影響する単一遺伝子の突然変異を分離できたこと；(2) 蛋白質合成の阻害剤を用いて、概日リズムの周期変化や位相変位をひき起こすことができたこと。これまで調

べられているすべての生物では，蛋白質合成の阻害剤が，概日リズムの位相変位をひき起こしている．例えば，ゴールデンハムスターやヒナドリの松果体，およびアメフラシの眼では，概日周期の約半分が翻訳阻害剤に感受性を示し，その最大感受性はおおよそ概日時間の 18 時 (CT18) から CT6 までの間におこる．ここに，概日時間とは，恒常条件下で自由継続しているリズム周期 (通常 24 時間とは異なる) を機械的に 24 時間に規格化し，恒常条件にする直前の明暗サイクルの日の出の時刻を CT0 として，表わされるものである．さて本題に戻ると，可逆的な RNA 合成阻害剤の投与は，さらにアメフラシの眼に位相変位をひき起こした．その結果，アメフラシでは概日周期の CT20 から CT10 までの間に，転写に対する臨界期のあることが示唆された．

「入力：光は最初期遺伝子の発現を調節する」

アカパンカビやアメフラシでは，光による位相変位の効果が，蛋白質合成の阻害剤によって阻害される．このことは，概日時計の同調機構も遺伝子発現を必要とすることを示唆している．また，これと一致して，光刺激は哺乳類の SCN で最初期遺伝子の発現を強く誘導する．これらの最初期遺伝子はすべて転写因子であり，下流の標的遺伝子を調節するシグナル分子として振舞うものと考えられる．とくに，SCN での Fos の調節の特徴は，注目に値するものであり，次のような諸事実が見出されている：Fos の光誘導は解剖学的に特異性があること；Fos の光誘導は概日時計によって制御されており，しかも SCN における fos の概日リズム制御機構は，少なくとも部分的には，トランス作用因子 CREB (サイクリック AMP 応答配列結合蛋白質) のリン酸化によって調節されていること；fos の誘導に対する光の閾値は，光による位相変位効果と定量的に相関があること；SCN における Fos 応答は，光刺激のみと関連すること；Fos 誘導は，グルタミン酸受容体アンタゴニストによって弱められること；光は SCN において，Fos と Jun-B から構成される AP-1 の DNA 結合活性を誘導すること；さらには，アンチセンスオリゴヌクレオチド実験により，光誘導される位相変位において，fos および jun-B の遺伝子発現が必要であること．これらの事実は，Fos および Jun-B の発現と AP-1 の活性が，齧歯類の光同調機構シグナル経路の構成要素であることを，強く示唆している．

なお，上記の Fos および Jun-B とは，最初期遺伝子 fos および jun-B の発現蛋白質のことであり，この Fos と Jun-B とがヘテロ 2 量体を作って，AP-1 と呼ばれる複合蛋白質となることが知られている．ちなみに，この AP-1 はホルボールエステル (TPA) 処理によって，遺伝子の発現誘導を転写レベルで介在す

るエンハンサーであり，DNA の TPA 応答配列に結合する転写因子である．この章では，以下，イタリック体の3文字の英単語は遺伝子を，また立体の3文字は蛋白質を表わすものとする．

「出力：時計で制御される標的遺伝子」

発現パターンが概日時計によって調節されている遺伝子も，数多く見出されている．特異的な mRNA の量は，多くの生物において概日リズムとともに変わり，いくつかの場合には，mRNA リズムが転写のレベルで調節されている．転写の概日リズム制御は，概日時計がそれを通して遺伝子発現を調節しているので，シス作用調節配列とトランス作用因子を解析するための切り口としても，大変重要である．

6-3. 単細胞生物の概日時計に対するモデル[7]

[6-3-A] 接合活性および光受容体

本節では，概日時計が個々の細胞内に存在するという観点にたって，単細胞繊毛生物パラメシウム (*Paramecium bursaria*：ミドリゾウリムシ) と，単細胞鞭毛生物ユーグレナ (*Euglena gracilis*：ミドリムシ) に着目し，光を外部刺激とする概日時計のモデルを考えてみる．

さて，これらの単細胞生物が示す概日リズムの一例として，パラメシウムの接合活性 (有性生殖をひき起こすもの) の場合に着目してみると，恒明条件下では，集団をなしている細胞がそれぞれ概日リズムを示すものの，それらの周期がまったく同調しない．しかし，この細胞集団に9時間の暗期を与えて，そのあとに光刺激を加えると，ほとんどすべての細胞のリズム周期が同調する．また，このような同調は，明から暗への刺激を与えた場合にも見られるが，そのためには，上記の場合よりもちょうど 12 時間余計に暗期が必要なようである．おそらく，パラメシウムの光感受性も，ダイズの場合と同様に ([6-1-D] 分節を見よ)，約1日の周期で交代しているのであろう．

まず，パラメシウムとユーグレナの光受容体については，パラメシウムからレチナールが抽出されており，かつカエルの抗ロドプシン抗体はパラメシウムの繊毛・細胞体の膜をラベルできることが示されている．一方，ユーグレナの光受容体がロドプシンであることは，ほとんど確定的であり，単細胞生物からヒトに至るまで，光受容のためにロドプシン (またはレチナール含有蛋白質) が利用されているという，驚くべき事実が明らかになっている．おそらく，これら単細

胞生物の光受容サイクル（光刺激を細胞情報に変換する機構）およびその後続の増幅サイクルも，多細胞生物の視覚の場合と類似の構造を有しているのであろう．

[6-3-B]　Ca^{2+} セットポイント仮説と蛋白質リン酸化サイクル

次に，増幅サイクルの後続機構としては，Ca^{2+} 動員サイクルが考えられる．パラメシウムの場合，その膜電位は昼のほうが夜よりも深いが，この変化を決めているのは細胞内 Ca^{2+} 濃度であり，その値は昼のほうが低いと予想されている．また，ユーグレナの場合にも，その細胞分裂における概日リズムの集団的位相と，細胞内 Ca^{2+} 濃度変化との関係が指摘されている．すなわち，彼らはミトコンドリアの Ca^{2+} 吸収能・排出能に着目して，ミトコンドリアが細胞内 Ca^{2+} 濃度をこの概日リズムに適合した値（すなわち「Ca^{2+} セットポイント」）に維持する，という考え方を提唱している．実際，ユーグレナにおいては，そのミトコンドリアの Ca^{2+} 吸収能を阻害（または促進）すると，細胞分裂リズムに永続的な位相変化が誘発される．

もしこの「Ca^{2+} セットポイント仮説」が正しいとするならば，次に考えるべき機構は，Ca^{2+} 依存性の蛋白質リン酸化サイクルであろう．実際，この問題に着目した実験はすでに実行されている．すなわち，あるパラメシウム（供与細胞）の細胞質を，その概日リズムのさまざまな位相において抽出し，かつ他のパラメシウム（受領細胞）に移植してみた．そうすると，概日リズムの12時間目（これは，明暗を12時間ごとに与えた場合，ちょうど明から暗に移る時刻に相当する）の細胞から得られた細胞質だけが，受領細胞のリズム位相を変化させた．しかも，この細胞質をカエルの卵母細胞に注入してみると，卵成熟が誘導された．つまり，卵成熟促進因子（これは蛋白質リン酸化酵素をもつ）と同様の効果が，この注入によって示されたわけである．そこで，この12時間目前後の細胞質にある「位相物質」も，おそらく蛋白質リン酸化酵素であろう，と考えられている．

[6-3-C]　特定蛋白質の合成

次に，上記の酵素が関与する蛋白質のリン酸化・脱リン酸化は，その後続の転写サイクルを作動させる引き金の役目を果たすものと予想される。実際，いくつかの転写因子について，それらのリン酸化による転写活性の変化が，最近二三年の間に数多く報告されてきているが，それらについては，次節以降で詳しく紹介することにしよう．

このように，ある転写因子の活性化を引き金とする特定蛋白質の合成が，概日

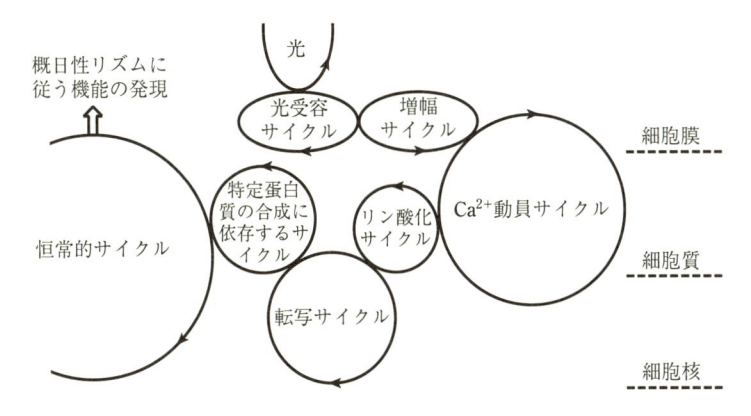

図 6-1 不可逆サイクルが階層構造を成している概日時計モデル．

リズムの形成において重要な鍵を握っているかのように見える．しかし，[6-2-A] 分節で述べたように，このリズムが温度変化の影響をほとんど受けないのに対して，蛋白質合成の速度は温度に著しく依存する．もちろん，この蛋白質が酵素であるならば，その活性は明らかな温度依存性を示すはずである．従って，現在のところまったく不明ではあるが，ある特定蛋白の合成に依存する何らかのサイクルが，恒常的に作動している最後のサイクル（概日時計の本体とも言うべきもの）に接続している，と考えるしかないであろう．

最後に，概日時計に関する以上の考察を要約してみると，図 6-1 のようになる．言うまでもなく，図中のサイクルはすべて不可逆なものであり，それらの存在がシュレーディンガー不等式 (1.1) の必要・十分条件であることは，第5章で述べたとおりである．ちなみに，Suzuki らは約10年前から，細胞内の情報伝達機構を，数多くの不可逆サイクルが有機的に連結して階層構造をなしたものとして表現してきており，[7, 33] 本節での考察も，彼らの理論に習って展開されたものである．

6-4. 菌類・無脊椎動物の時計遺伝子 [36, 37, 40]

[6-4-A]　ショウジョウバエの時計遺伝子 (*period*)

概日リズムへの遺伝学的アプローチは，Konopka と Benzer (1971) によって，ショウジョウバエの概日周期を変更する，単一遺伝子の突然変異を分離することから始まった．彼らは次のような三つの突然変異体を見つけた：概日時計の周期の短いもの (per^S)，長いもの (per^L)，および周期のないもの (per^0)．これら

は対立遺伝子であり,新たな遺伝子 period 座も明らかにされている.また,これらの対立遺伝子は,遺伝子内点突然変異によるものであり,per^S と per^L にはミスセンス突然変異が,また per^0 にはナンセンス突然変異が起こっている.そして,per の周期的発現は,転写によって調節される.なお,per 遺伝子がある厳密なリズムの確保のために用いているトリックは,比較的短時間の mRNA 半減期をもつことである,と言われている.これは,RNA プロセッシングに関与する因子がリズミックに活性化されることによる,非常に効率のよい調節機構のように見える.また,Per の発現自体も概日性を示し,per mRNA レベルと蛋白質レベルの概日発現は,ともに活性 per 遺伝子に依存する.この Per 蛋白質のリズムは,転写と翻訳の両レベルで調節されているようである.

[6-4-B] ショウジョウバエの時計遺伝子 (*timeless*)

timeless (*tim*) と呼ばれる時計突然変異は,per に劇的な結果をもたらすことがわかった.*tim* 突然変異体は,羽化と運動活動に概日リズムを発現できない.しかし,より重要なことは,*tim* が per mRNA の概日リズムを発現できなくすることである.しかも,*tim* 突然変異体では Per のリン酸化が阻止され,核移行も止められる.逆に,per 突然変異体では,*tim* の周期的発現が変更される.Tim 蛋白質は,Per と相互作用して Per-Tim 二量体を形成し,それによって Per を調節する.Per は蛋白質間相互作用に必要な PAS ドメイン (この PAS という単語は,Per,薬物代謝に関与するダイオキシン受容体 Arnt,および神経発生に関与する蛋白質 Sim の頭文字から作られており,機能的には異なる蛋白質間に共通する領域での蛋白質間相互作用に必要とされる) と呼ばれる領域を含み,このドメインはしばしば DNA 結合ドメイン (塩基性ヘリックス-ループ-ヘリックスドメイン:bHLH ドメイン) と一つになっている.しかし,ショウジョウバエの Per は bHLH ドメインを含んでいないので,それが DNA に結合しないで転写を調節するのかもしれない.驚くべきことに,Tim は PAS ドメインを含んでいそうもないが,おそらく核移行シグナルと転写活性化ドメインを含んでいるものと思われる.しかし Tim は,Per と同様に,はっきりとした DNA 結合ドメインを欠いている.それゆえ,Per と Tim が転写のレベルで作用しているという,明らかな証拠があるのにもかかわらず,それらがどのように作用しているのか,この問題は依然としてはっきりしない.一つの決定的な段階は,Per-Tim 二量体が核に入る所のようである.この段階は,二つの蛋白質の会合と同様に,どのようになるのかは未だわからないが,光によって調節されるこ

6-4. 菌類・無脊椎動物の時計遺伝子   107

とが示されている．時計分子の会合は，これらの蛋白質が機能するのに，極めて重要なようである．この会合自体が計時機構をなすのであろうか？ その場合には，蛋白質の修飾によって(すなわちシグナリング経路の制御のもとに)，この会合が変調されるのかもしれない．

　しかし，最近の研究から，per や tim の転写リズムは，ショウジョウバエの概日時計には必要でないと考えられるようにもなってきた．この研究に最初に着手した研究グループは，per のない系統でも概日リズムを形成し得ることを証明した．これらのデータによると，per の転写制御は必要でないと考えられる．しかし，問題点もまだあり，これから解明されるべき点が多い．さらに，次のような驚くべき発見もあった：別の昆虫ヤママユガの胚では，核内への Per の移動がないにも関わらず，脳にある概日時計は駆動していることがわかった．これらの事実を総合して考えると，per と tim の転写リズムは強固であり，ほとんどの昆虫に存在するのであろう．そして，ある種のメカニズムにより，Per と Tim との会合が誘導され，Tim のない状態で起こる Per の集積が抑制されているのかもしれない．

　ショウジョウバエでは，熱ショックを受けると，Per と Tim のターンオーバーが起こる．夕方早いうちには位相の小さな遅れが誘導され，夜遅くなると位相に明らかな影響を及ぼさない（後述するアカパンカビの場合と比較せよ）．

　なお1998年に，第三の遺伝子として $doubletime$ (dbt) が同定・単離され，これはカゼインキナーゼ Iϵ と高い相同性を有していることがわかった．また，その蛋白質 Dbt は Per と物理的に結合して，Per のリン酸化・蓄積に関与する，と考えられている．

[6-4-C]　アカパンカビの時計遺伝子 ($frequency$)

　アカパンカビでは，無性的な胞子形成サイクルの概日同調機構で働いている概日ペースメーカーの遺伝子として，$frequency$ (frq) 遺伝子がある．per の場合と同様に，frq 座は三つの突然変異体対立遺伝子によって明らかにされた：概日リズムの周期を短くするもの，長くするもの，および消滅させるもの．frq mRNA の転写は，朝にピークを迎えて概日時計の働きをなす．frq 誘導遺伝子が間違った時間に発現されれば，無性的な胞子形成サイクルが停止される．逆に，その遺伝子を抑制すれば，無性的な胞子形成サイクルはリセットされる．これまでの実験によると，frq がアカパンカビの概日ペースメーカーの重要成分であることは間違いがなく，しかも frq 転写を調節する負の自己制御ループが，振動の基盤

を形成しているようである．Frq 蛋白質は，現れるとすぐに核の中に移行して，PAS 二量体化ドメインをもつ蛋白質と相互作用する．Frq もリン酸化をうけ，それがターンオーバーを引き起こすと考えられている．また，per と frq との間には注目すべき機能的類似点があるが，明らかな相違点もある．おそらく，転写翻訳自己制御フィードバックループは，概日時計の共通する特徴なのであろう．

ところで，このフィードバックループは22時間周期で振動する，と報告されている．なぜ22時間周期なのだろうか？ Frq がリン酸化されてターンオーバーするには14時間近くかかるので，1日の大部分では frq 転写産物の濃度がひくく，Frq 濃度は少なくともある程度上昇している．それゆえ，この22時間周期は，一部にせよ，Frq のターンオーバーのカイネティクスに起因している．核内への Frq の移行やターンオーバーに影響をあたえる要素は，おそらく概日リズムの周期やフィードバックループの振動能にも影響を及ぼすのであろう：もしも Frq が核内に移行できない（あるいは1日以内にターンオーバーしきれない）ならば，ループは振動するのをやめ，その代わりに単に平衡状態に達して，frq mRNA 濃度や Frq の発現を抑えるのであろう．

一方，アカパンカビでは，概日時計を同調させる他の主要なツァイトゲーバーとして，温度変化が注目されている．これは光と同様に概日時計をリセットする．しかし，概日時計を動かす温度には生理学的な限度が存在する．そして，その限度内においては周期が一定である（これを温度補償性という）．アカパンカビでは，温度の影響がおもに翻訳の調節をとおして現れているようである．frq 転写産物は転写開始点の違いによって，低温で周期の短いものや，高温で周期の長いものを産生する．ある温度においてどちらかの型が存在すれば，機能的な概日時計としては十分であるが，活発な生物的リズムには両方の型が必要である．それゆえ，二種類の Frq の総量とそれらの割合とは，温度が開始コドンを選択することによって調節されている．どちらかの開始コドンがなくなると，リズムを示す許容温度範囲がせばまる．この新しく見出された適応メカニズムは，生理的な温度範囲が概日時計の機能する温度範囲であることを示している．しかも，温度変化は概日時計内部の機構のみを用いて，瞬間的に概日リズムをリセットする．自然界での夕暮れや夜明けに見られる温度変化は，大体において徐々に変化するが，驚くべきことは，アカパンカビの概日リズムが，大したことのない温度変化によって，光の場合よりも強く影響されることである．しかし，あらゆる場合において，光・温度の両刺激は，互いに概日時計を現実の世界に同調させようとしているようである．

6-5. 脊椎動物 (とくに哺乳類) の概日リズム [37, 40, 41]

[6-5-A] SCNの概日リズムと松果体ホルモンの分泌リズムとはフィードバック制御を行なっている

　脊椎動物の松果体では，そのホルモンであるメラトニンが，昼よりも夜に多く生成・分泌されており，その概日リズムは，夜のほうが昼よりも高い N-アセチル転写酵素活性によって引き起こされている．この酵素活性には [6-2-D] 分節で述べたCREBの転写活性が強く関与しており，やはりここでも，最初期遺伝子の重要性が注目されている．メラトニンの血中濃度は，個体活動としての概日リズムを制御していると共に，高い血中濃度の持続時間が視床下部に影響して，生殖腺刺激ホルモン放出ホルモンの分泌を調節している．メラトニンの概日リズム自体は，SCNの活動シグナルが交感神経を介して松果体に伝えられることにより，制御されている．一方，松果体で分泌されたメラトニンがSCNの概日時計に影響を与える，という報告も提出されている．すなわち，SCNの活動が松果体のメラトニン・リズムをつくり，次にそのメラトニンがSCNにフィードバックして，時計に影響を与えるようであるが，なぜ生物がこのようなシステムを必要としているのか，それはまったくわかっていない．正確な時計には，このようなフィードバック・システムが不可欠なのであろうか？　これは今後の問題である．

[6-5-B] 哺乳類の概日リズムへの遺伝学的アプローチ

　哺乳類の概日時計に関与する分子については，ハムスターから自発的突然変異 tau をたまたま分離することに成功したことから，その研究が始まった．この tau は，ヘテロ接合体で22時間周期に，またホモ接合体で20時間周期になる．また，SCNの概日ペースメーカー機能については，供与体のSCNの遺伝子型は回復したリズムの周期を決定することが，tau 突然変異体ハムスター由来のSCN組織の移植によって明らかにされた．残念ながら，ハムスターでは遺伝子地図が不十分なために，tau 座のさらなる分子解析があまり進んでいない．
　しかし，マウスを使った実験では，ごく最近非常な進歩が見られた．マウスでは per 遺伝子 ($mPer$) が三つ見つかり，それぞれ mPER1, mPER2 および mPER3 をコードしていることがわかった．ショウジョウバエの場合と同様に，これらは共にPASドメインを含んでいるが，bHLHドメインなどのDNA結合ドメインを含んでいない．マウスのPASドメインは，ショウジョウバエのPer

で見出されたものに著しく似ており,マウスとハエの Per 蛋白質が構造的・機能的特性を共有していることを示唆している.

mPer 遺伝子は SCN で発現している. mPer1 は CT4～6 でピークをむかえ,次に mPer3 が CT4～8 で幅ひろいピークを,そして mPer2 がその日の CT8 でおそいピークを迎える.従って, mPer1 はペースメーカー成分なのかもしれない.マウスの mPER 蛋白質と相互作用できる時計因子は, Clock 遺伝子の産物であるが,CLOCK 蛋白質の量は概日調節を受けない,とされている.しかし,この蛋白質に突然変異を抱えているマウスは,劇的に変更された概日リズムを示す.この CLOCK は,PAS ドメインを含み,それはマウスとハエの Per の PAS ドメインとにた配列をもっている.また,この CLOCK は,bHLH ドメインをも含んでいる.そこで,CLOCK は転写因子と予想され,Per/Tim の転写調節に関与することがわかってきた.なお,マウスの tim (mTim) も最近やっとクローニングされ,これまでの話がさらに複雑になっている.この哺乳類(とくにマウス)の分子レベルでの解析については,その結果が 1 ヶ月後にどのように変わっているか,その予想がまったくつかないような状況にあるので,注意が必要と思われる.

[6-5-C] 今後の生命物理・化学に必要な理論的視点

フランスの天文学者 d'Orthou de Mairan が,向日性植物の葉の開閉について,明暗交代によるそのリズムを報告したのは,1729 年のことであるが,それから約 270 年後の現在では,「明暗の手掛りがなくても,生物は 1 日のおおよその長さを知っている」ことが,すべての生物の基本的特徴として認識されている.この事実は,長い生物進化の過程で培われた精巧な計時機構が,何十億年も前にすでに遺伝子の中に刻み込まれていたことを示すものである.また,生命の本質ともいうべき概日リズムの機構が,日進月歩の勢いで分子生物学的に研究されており,二三ヶ月前のデータが否定されることも,たびたび起こっている(とくに,哺乳類については,半年前のデータが信用しかねるような状況にある).しかし,このような実体論的研究の進捗状況は,当該研究分野の発展にとって,大変喜ばしいことと言える.

本分節では,生命物理・化学が本質論的段階に突入しつつある現状を念頭におき,その推進に必要と考えられる次の四つの理論的視点に注目して,それらの必要性・意義を簡潔に述べてみたい:
(1) 概日時計を構成する諸不可逆系が実際に不可逆サイクルを成しているか否かを明らかにすること;

(2) これら諸不可逆系の集合体の安定性について，それと遺伝子とのかかわりを究明すること；

(3) 各不可逆系でのエントロピー伝達において，その構成要素である諸蛋白質が果たしている役目を，物理学的に解明すること；

(4) 日周期的な生命のくり返しが有限であることについて，その起源を探求すること．

まず，(1)と(2)は，すでに［1-3-B］分節でも触れたように，今後の生命化学に対する最も重要な研究課題であり，シュレーディンガーが提唱した「時計仕掛け」仮説の検討に不可欠のものである．すなわち，(1)は［1-2-A］分節で述べた彼の提言(3)そのものであり，また(2)は，この提言に関連して彼が彼の著書『生命とは何か』の最後の節で述べた，次のような見解とまったく同じものである：「なぜある特定の分子群が一つの安定な「歯車」を細胞内に形成しうるのか，その理由を明らかにすることが残された問題である」（［1-2-D］分節を見よ）．

次に，研究課題(3)は，今後の生命物理学に課せられた根本的テーマである（［1-3-C］分節を見よ）．すなわち，各蛋白質の機能発見がその特異的な高次構造変化によるものとすれば，この変化を誘発しうる蛋白質全体のエントロピー変化には，ある一定の閾値が存在するはずであるから，各蛋白質はいろいろな経路から流れ込んでくるエントロピーを離散的な値に変換して，それを後続の段階へ伝達しているに違いない．言うまでもなく，この**エントロピー量子**または**エントロピー量子化**の問題は，物質・エネルギーの一方向性移動を誘導する一方向性のエントロピー移動を定式化する際に，必ず考慮されねばならないものである．なお，最後の課題(4)の目的は，生体系の絶対的不可逆性について，その起源を明らかにすることであるが，この問題については，引き続き次の第7章で，著者らの考え方を述べることにする．

最後に，上記の四つの課題についてもう一言つけ加えるならば，それらの意義は次のような点にある：それぞれ不可逆性・絶対的不可逆性を示す二つの物質的階層に注目して，それらを結び付けている論理を把握するためには，これら四つの問題をかならず解決しなければならない；なぜならば，すでに［1-3-C］分節において説明したように，自然の論理は，ミクロの世界の実体的構造がわかれば，マクロの世界での現象も自動的に明らかになる，という具合には決してでき上がっていないからである．

[参考文献]

35) 八杉龍一ほか編：生物学辞典（岩波書店）第4版，1996.
36) J.S. Takahashi : Molecular neurobiology and genetics of circadian rhythms in mammals, Annu. Rev. Neurosci., **18** (1995), pp. 531-553.
37) P. Sassone-Corsi : Molecular clocks : mastering time by gene regulation, Nature, **392** (1998), pp. 871-874.
38) 長谷川建治・塚原保夫（編著）：特集「生命にとって時間とは何か」，科学（岩波書店），**68** (1998), pp. 124-201.
39) 富岡憲治（編著）：特集・生物時計，遺伝（裳華房），**52**(8) (1998), pp. 12-42.
40) J.C. Dunlap : Molecular bases for circadian clocks, Cell, **96** (1999), pp. 271-290.
41) 内匠　透・岡村　均：転写因子による生物時計の制御，実験医学（羊土社），**17** (1999), pp. 372-378.

7. 終 章 —— 生体情報力学の建設を目指して

　　　　この最後の章では，まずエントロピーが単に状態量であるばかりでなく「伝達量」でもあることを復習して，それベクトル量であることを指摘する．次に，シュレーディンガー不等式の論理を再定式化して，「エントロピーベクトル」の発散に対する方程式を導出する．また，「情報入手に伴うエントロピー発生」を，エントロピーベクトルの回転の源と考えて，それに対する方程式を導く．さらに，これらの方程式に基づいて，二つの不可逆サイクル系の境界面におけるエントロピー変化を調べ，その妥当性を議論する．そして最後に，情報の不可逆性や生体系の絶対的不可逆性が情報入手に伴うエントロピー発生と密接に関連していることを指摘して，「生体情報力学」の建設に対する筆者らの見解を述べる．

7-1. 新しい生体情報理論の創出が必要である

[7-1-A]　非平衡熱力学と「伝達量」としてのエントロピー

　付録Aの (A.50) によると，巨視的体系の熱力学的状態変化の方向は，たとえば内部エネルギー E，エンタルピー H，ヘルムホルツの自由エネルギー F，ギブズの自由エネルギー G などを用いて，次のように表わされる：$dE \leq 0$（断熱・定積変化），$dH \leq 0$（断熱・定圧変化），$dF \leq 0$（等温・定積変化），$dG \leq 0$（等温・定圧変化）．ここに，dE は E の完全微分であり，不等号（等号）は不可逆（可逆）変化に対するものである．なお，断熱変化については，$dS \geq 0$ という条件（エントロピー増大の法則）が，熱力学第二法則から直接導かれる（(A.51)を見よ）．しかし，このような条件は実際の不可逆過程について，我々にほとんど何の知見も与えてくれない．つまり，古典熱力学の対象は，熱平衡状態にある巨視的体系およびその可逆変化に限られるのである．

```
          ┌─────────────────┐
          │  ΔS ≧ ΔQ/T      │
          └────────┬────────┘
                   ▼
   ┌──────────────────────────────────┐
   │ (1)  ΔS = ΔQ/T + ΔS'             │
   │ (2)  局 所 平 衡 の 仮 定        │
   └──────────────┬───────────────────┘
                  ▼
   ┌──────────────────────────────────────────────┐
   │ (3) $\rho(ds/dt) = \Phi/T - \text{div} j_s$, $\Phi = \sum_\mu J_\mu X_\mu$. │
   │ (4) $J_\mu \simeq \sum_\nu L_{\mu\nu} X_\nu$, $L_{\mu\nu} = L_{\nu\mu}$.     │
   └──────────────────────────────────────────────┘
```

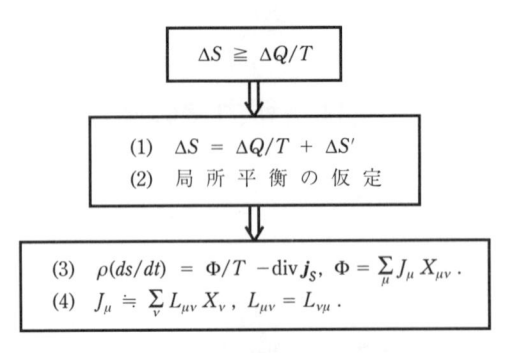

図 7-1　非平衡熱力学の論理.

そこで,**非平衡**(または**不可逆過程**)**の熱力学**では, 閉じた体系に対する熱力学第二法則 (A.38) を, $\Delta S = \Delta Q/T + \Delta S'$ と拡張する. ここに S' は不可逆過程の途中で体系内に発生するエントロピーである. そして,**局所平衡**(不可逆過程が起こっている体系の任意の微小部分において, 古典熱力学の諸法則・諸公式が成り立つこと) を仮定して, 単位質量あたりのエントロピー s の時間変化を, $\rho(ds/dt) = \Phi/T - \text{div} j_s$ と表わす. ここに ρ は質量密度を表わす;自発的な不可逆変化によって体系内に熱の形で散逸されるエネルギー (つまり外界から加えてやる必要のない熱;これを**非補償熱**という) を Q' とすれば, $\Phi \equiv d'Q'/dt$ (すなわち非補償熱の生成速度) と定義されるものであり, 従って Φ は**散逸関数**またはエントロピー生成速度と呼ばれる; j_s は物質拡散および熱流だけによって生ずるエントロピー流束であり, $\text{div} j_s$ はその発散を表わす. さらに, Φ については, 熱力学的変数 (体系の熱力学的状態を記述するのに必要な変数またはパラメータ) の時間微分を J_μ (これを広義の流束という) とし, かつこれに共役な広義の力を X_μ と定義して, $\Phi = \sum_\mu J_\mu X_\mu > 0$ と表わす. そして, $J_\mu \simeq \sum_\nu L_{\mu\nu} X_\nu$ という線形近似を行ない, かつ $L_{\mu\nu} = L_{\nu\mu}$ (**オンサーガーの相反関係**) を仮定する (図7-1を見よ). たとえば, 体系内で起こる k 番目の化学反応については, その反応速度 v_k が J_k であり, かつその化学反応親和力 A_k が X_k である.

このように, 非平衡熱力学は, 不可逆過程の途中で発生するエントロピーを考慮して, 熱力学第二法則を拡張し, さらにオンサーガーの相反関係を仮定して, 広義の流束と広義の力との間の関係を論ずるものである. つまり, 古典熱力学は, もっとも根本的な熱力学的状態変数としてエントロピーを導入したにもかかわらず, エントロピーが熱力学的状態変化の方向を左右するただ一つの状態変数であることを, 単に条件の形でしか示すことができなかったわけであ

7-1. 新しい生体情報理論の創出が必要である

るが，非平衡熱力学はこのエントロピーの重大な発言権を積極的に定式化して，実際の不可逆過程を現象論的に論ずることができるように，古典熱力学を発展させたのである．我々がここで注意すべきことは，エントロピーが物質の拡散および熱の流れに乗って移動しうること，つまり**伝達量としてのエントロピー**の概念や**エントロピー単離不可能の法則**が，この非平衡（または不可逆過程）の熱力学によって，現象論的に把握されたことである．

[7-1-B] 情報理論でのエントロピーはもちろん「伝達量」である

すでに第4-4節で述べたように，生体系におけるエントロピー移動およびその意義について，最初に重要な提起を行なったのはボルツマンである．彼は1886年に「生物体が行なっている生活との戦いは，（中略）すべてエントロピーのためのものである」と述べた．次に，このボルツマンの影響を受けたシュレーディンガーが，1944年に彼の著書『生命とは何か』の第六章において，「生物は負のエントロピーを食べて生きている」（すなわち「生体における物質代謝の本質は，生体がその生命を維持するために作り出さざるを得ないエントロピーを，全部うまい具合に捨てることである」）と説明した．しかし，**熱力学第三法則**（**ネルンストの定理**：0Kにおけるエントロピーは0に等しい）によれば，負のエントロピーなどというようなものはこの世に存在しないはずであるから，この「負のエントロピー」という言葉は，彼の仲間の物理学者たちによって大いに批判された．そこで，同書の第二版（1945年）を出版するときに，彼はその第六章に次のような注釈を付け加えたのである：「我々が熱を放出するのは，決して偶然的なものではない」；「なぜならば，正にそうすることによって，我々が生活を営むかぎり絶えず作り出さざるを得ないエントロピーを処分し得るからである」．つまり，「負のエントロピーを食べて生きている」といったシュレーディンガーの真意は，「エントロピーを処分する機構が存在する」ことを，あくまでも逆説的に強調する点にあったのであり，生体が毎日復元して一定の生活を営み得るのは，正にその体外へ排出される全エントロピーが，その体内に摂取される全エントロピーよりも大きいからである．

言うまでもなく，この「エントロピーを処分する機構が存在する」というシュレーディンガーの主張の中には，エントロピーを単に「状態量」としてのみならず，さらに「伝達量」としても把握する考え方が，明確に提起されている．そこで，この考え方および「負エントロピー」の概念を重視したブリルアンは，物理単位の情報量が「負エントロピー」の一種であることに注目し，情報の受容・

変換・伝達が図4-2の変換方式（[4-4-D]分節を見よ）に基づく**ネゲントロピー**（負エントロピー）の受容・変換・伝達であると考えて，彼独自の情報理論を展開したわけである．

[7-1-C]　「伝達量」としてのエントロピーはベクトル量である

　さて，我々はここで次のような既述の二つの結論に注目しなければならない．一つは[4-5-B]分節で得られた結論であり，「情報の受容」という言葉で表現される現象の本質が「エントロピーの流入・発生」である，というものである．また，もう一つは[5-3-D]分節でまとめられた結論であり，「不可逆サイクル系」の集合体がシュレーディンガーの「時計仕掛け」機構をなす，というものである．いま，これら二つの結論に基づいてブリルアンの情報理論の整合性を考えてみると，下記の三つの理由によって，彼の考え方では生体系における一方向性の情報伝達を説明できないことがわかる．

　第一に，ブリルアンが重視したネゲントロピーの実体について考えてみると，それは情報伝達の経路全体にわたるエントロピーの収支決算を考えたときに初めて判明するものであり，決して当初から負のエントロピーの放出・伝達が判然としているわけではない．従って，「時計仕掛け」機構における情報伝達の定式化は，その各「不可逆サイクル系」に流入するエントロピーを正のものと考えて，行なわれねばならないのである．

　第二に，(5.36)・(5.37)の所で明らかにされているように，上記の各「不可逆サイクル系」におけるエントロピーの収支決算は，シュレーディンガー不等式(1.1)を満足しなければならないが，正しい生体情報理論は，「情報入手に伴うエントロピー発生」が(1.1)の ΔS_i の中に含まれているか否かを，明確にしめし得るものでなければならない．光受容に伴う視物質系でのエントロピー発生に対する筆者らの理論（[4-6-D]分節を見よ）によると，視物質系では，少なくとも54％の信頼度で，1〜2個の光量子が検出されている．また，この検出に対する代償としてエントロピーが発生するばかりでなく，光受容装置としての視物質系の特質に依存した別種のエントロピー発生が，光で励起された視物質の個数に比例して起こるのである．

　第三に，「時計仕掛け」機構におけるエントロピー伝達を定式化する場合，我々はそのエントロピーがベクトル量であることに注意しなければならない．なぜならば，この機構を構成する数多くの「不可逆サイクル系」は，3次元空間の中でそれぞれ特定の領域を占めているからである．つまり，これら「不可逆サ

イクル系」の集合体は，大きさ・方向・向きをもつエントロピー（以下ではこれを**エントロピーベクトル**と呼ぶことにする）のベクトル場である，と考えられるわけである．

7-2．エントロピーベクトル場の基本方程式

[7-2-A] シュレーディンガー不等式の論理の再定式化 —— エントロピーベクトルの発散に対する方程式

本分節では，まず［7-1-C］分節で述べた第三の着眼点に注目し，伝達量としてのエントロピーをベクトル量と考えて，たんに条件の形でしか示されていないシュレーディンガー不等式 (1.1) の論理を，積極的に定式化し直してみることにしよう．

まず，エントロピーベクトル S_E の場の中に，閉曲面 ΔA で囲まれた微小領域 ΔR を想定し，ΔA の面積要素ベクトルを $d\bm{A}$ として，S_E のフラックスを考えてみると，その要素 $S_E \cdot d\bm{A}$ の符合については，通常 ΔR から流出するものが正の量と定義されているので，

$$\oint_{\Delta A} \bm{S}_E \cdot d\bm{A} = \Delta S_\mathrm{o} - \Delta S_\mathrm{i} \tag{7.1}$$

と表わされる．ここに ΔS_o (ΔS_i) は ΔR から流出 (へ流入) するエントロピー S_E ($\equiv |\bm{S}_E|$) の総量を表わす．

次に，微小領域 ΔR の中にはある不可逆サイクル系が存在するものとして，シュレーディンガー不等式 (1.1) を，形式的に

$$\Delta S_\mathrm{o} - \Delta S_\mathrm{i} = \Delta Q_s > 0 \tag{7.2a}$$

と拡張する．また，ΔR の微小体積を Δv として，

$$\lim_{\Delta v \to 0} (\Delta Q_s / \Delta v) \equiv \rho_s \tag{7.2b}$$

と定義する．そうすると，ガウスの定理に基づいて，$\bm{S}_E$ に対する方程式が次のように得られる：

$$\mathrm{div}\, \bm{S}_E = \rho_s. \tag{7.3}$$

言うまでもなく，この方程式は，密度 ρ の静電荷分布による静電場 $\bm{E}$ の基本方程式 ($\mathrm{div}\, \bm{E} = 4\pi\rho$) と，まったく同じ形をしている．そこで我々は，(7.1) の左辺に含まれているエントロピーベクトルに，あらかじめ添字 E をつけてお

いたのである．なお，我々は今後，(7.2b) の ρ_s を**エントロピー湧出密度**と呼ぶことにする．

[7-2-B] 任意のベクトル場に対するヘルムホルツの定理

ところで，エントロピーベクトル場に対する方程式は，(7.3) だけで十分なのであろうか？ 例えば，情報受容における不可避のエントロピー発生 (すなわち [7-1-C] 分節で述べた第二の着眼点に関するもの) は，(7.3) の中に含まれているのであろうか？ 本分節では，この問題に対する手掛りを得るために，数学的には任意のベクトル場 $\boldsymbol{U}$ が，回転のないベクトル場 $\boldsymbol{U}_E$ と発散のないベクトル場 $\boldsymbol{U}_H$ との和で表わされることを，一般的に証明してみよう．

いま，スカラー関数 ϕ が，方程式

$$\nabla^2 \phi = -\mathrm{div}\,\boldsymbol{U} \tag{7.4}$$

を満足するものとし，この ϕ から回転のないベクトル場 $\boldsymbol{U}_E$ を，$\boldsymbol{U}_E = -\mathrm{grad}\,\phi$ のように作ってみると，$\boldsymbol{U}-\boldsymbol{U}_E$ は発散のないベクトル場となる：$\mathrm{div}\,(\boldsymbol{U}-\boldsymbol{U}_E) = 0$. つまり，$\boldsymbol{U}$ はあるベクトル関数 $\boldsymbol{A}$ を用いて，次のように表わされる：

$$\boldsymbol{U} = -\mathrm{grad}\,\phi + \mathrm{rot}\,\boldsymbol{A} \equiv \boldsymbol{U}_E + \boldsymbol{U}_H\,; \tag{7.5a}$$

$$\mathrm{rot}\,\boldsymbol{U}_E = 0, \quad \mathrm{div}\,\boldsymbol{U}_H = 0. \tag{7.5b}$$

さて，同じ $\boldsymbol{U}_H$ を表わすための $\boldsymbol{A}$ の取り方は無限に多く存在しており，それらは $\boldsymbol{A}' = \boldsymbol{A} + \mathrm{grad}\,\lambda$ という関係で結ばれている．ここに λ は任意のスカラー関数である．そこで，λ を適当に選んで，$\boldsymbol{A}$ に

$$\mathrm{div}\,\boldsymbol{A} = 0 \tag{7.6a}$$

という条件を課すと，この $\boldsymbol{A}$ は次の方程式を満足する：

$$\nabla \cdot \nabla \boldsymbol{A} = -\mathrm{rot}\,\boldsymbol{U}. \tag{7.6b}$$

周知のように，ϕ および $\boldsymbol{A}$ が無限の遠方で $1/r^2$ の程度で 0 となる場合には，(7.4) および (7.6) の解がそれぞれ

$$\phi(\boldsymbol{r}) = \frac{1}{4\pi} \int \mathrm{div}'\boldsymbol{U}(\boldsymbol{r}')/|\boldsymbol{r}-\boldsymbol{r}'|\,d^3\boldsymbol{r}', \tag{7.7a}$$

$$\boldsymbol{A}(\boldsymbol{r}) = \frac{1}{4\pi} \int \mathrm{rot}'\boldsymbol{U}(\boldsymbol{r}')/|\boldsymbol{r}-\boldsymbol{r}'|\,d^3\boldsymbol{r}' \tag{7.7b}$$

7-2. エントロピーベクトル場の基本方程式

で与えられる．従って，これらの式を (7.5a) に代入することにより，

$$U(r) = -\frac{1}{4\pi}\text{grad}\int \text{div}'U(r')/|r-r'|d^3r'$$
$$+ \frac{1}{4\pi}\text{rot}\int \text{rot}'U(r')/|r-r'|d^3r' \qquad (7.8)$$

を得る．ここに $d^3r' \equiv dx'dy'dz'$ である．これは，古典電気力学の分野において，**ヘルムホルツの定理**と呼ばれているものである．

[7-2-C] エントロピーベクトルの回転に対する方程式

ヘルムホルツの定理 (7.8) が数学的に成り立つからと言って，すべての物理的なベクトル場がそれらの発散および回転を源として形成されるとは限らない．例えば，(7.3) の所で述べた静電場 E は，$\text{div}\,E = 4\pi\rho$ および $\text{rot}\,E = 0$ をその基本方程式とするベクトル場である．本分節では，$\text{div}\,S_H = 0$ を満足するエントロピーベクトル S_H の回転が存在するものとして，それに対する方程式を定式化してみよう．

まず，ストークスの定理に基づいて，$\text{rot}\,S_H$ の z 成分 $(\text{rot}\,S_H)_z$ に対する方程式を考えてみると，それは

$$(\text{rot}\,S_H)_z = \lim_{\Delta A_z \to 0} \frac{1}{\Delta A_z} \oint_{C_z} S_H \cdot dr \qquad (7.9a)$$

と得られる．ここに ΔA_z は xy 平面内にある微小面積を表わす；C_z は ΔA_z の周辺曲線であり，dr は C_z の線要素ベクトルである．次に，ΔA_z が二つの不可逆サイクル系の境界面上にあるものとすれば，それは巨視的には十分小さく微視的には十分大きい微小面積であるから，その周辺曲線 C_z 上には数多くの「情報受容装置」が分布しているはずであり，従ってそれらの信頼度および分子機構に依存するエントロピー発生が起こるであろう．そこで，

$$\oint_{C_z} S_H \cdot dr \equiv \Delta J_{sz}, \quad \lim_{\Delta A_z \to 0}(\Delta J_{sz}/\Delta A_z) \equiv j_{sz} \qquad (7.9b)$$

と定義すれば，(7.9a) は $(\text{rot}\,S_H)_z = j_{sz}$ と表わされる．

言うまでもなく，これとまったく同形の方程式が x 成分および y 成分についても得られるので，それらを一まとめにして，

$$\text{rot}\,S_H = j_s, \quad j_s = (j_{sx}, j_{sy}, j_{sz}) \qquad (7.9c)$$

と表わすことができる．ここに，S_H の添字 H は，この式が密度 j の定常電流

分布による静磁場 H の基本方程式（光の速さを c とすると，rot $H = (4\pi/c)j$ と表わされる）と同形であることを，強調するために付けられたものである．なお，我々は今後，この j_s を**エントロピー環流密度**と呼ぶことにする．

[7-2-D]　ま と め

結局，以上に述べた筆者らの推論を要約すると，「時計仕掛け」機構における伝達量としてのエントロピーベクトル S は，ヘルムホルツの定理 (7.8) に基づいて，まず次のように分解される：

$$S = S_E + S_H; \quad \text{rot } S_E = 0, \quad \text{div } S_H = 0. \tag{7.10a}$$

そうすると，S_E および S_H は，それぞれスカラーポテンシャル ϕ およびベクトルポテンシャル A を用いて，

$$S_E = -\text{grad } \phi; \quad S_H = \text{rot } A, \quad \text{div } A = 0 \tag{7.10b}$$

と表わされる．次に，

$$\text{div } S_E = \rho_s, \quad \text{rot } S_H = j_s \tag{7.11a}$$

が成立する場合には，ϕ および A に対する方程式が

$$\nabla^2 \phi = -\rho_s, \quad \nabla^2 A = -j_s \tag{7.11b}$$

と得られる．周知のように，これらポアッソン方程式の特解は，次のように求められる：

$$\phi(r) = (1/4\pi) \int d^3 r' \rho_E(r')/|r - r'|, \tag{7.12a}$$

$$A(r) = (1/4\pi) \int d^3 r' j_H(r')/|r - r'|. \tag{7.12b}$$

7-3．二つの不可逆サイクル系の境界面におけるエントロピー変化

[7-3-A]　境界面をどのように考えるか

物質中のある巨視的な場を論ずるとき，我々はしばしば，それが物質の表面あるいは一般にほかの物質との接触面においてどのように振舞うかを，問題にしなければならない．このような境界面は巨視的には一応不連続面とみなされるが，微視的には不連続というほどの急激な変化がそこで起こっているわけではない．従って巨視的にも，境界面における場の変化はかなり急激ではあるけ

7-3. 二つの不可逆サイクル系の境界面におけるエントロピー変化

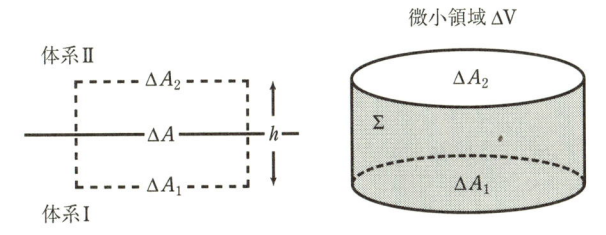

図 7-2 境界条件の導出に用いる図.

れども，それは依然として連続的であると考えることができる．本節では，エントロピーベクトル場の方程式 (7.11a) が二つの不可逆サイクル系の境界面上のいたる所で成り立つものと考えて，その境界面におけるエントロピー変化を調べてみよう．

いま，二つの不可逆サイクル系 I および II の境界面上に微小面積 ΔA をとり，体系 I から体系 II へ向かうその単位法線ベクトルを n とする．また，I および II の中にそれぞれ微小面積 ΔA_1 および ΔA_2 を ΔA に平行にとり，$\Delta A_1 = \Delta A_2 = \Delta A$ とする．さらに，ΔA_1 と ΔA_2 は ΔA に限りなく接近しているものとし，それらの間の距離を h として，ΔA_1 と ΔA_2 を両端面とする微小かつ偏平な円柱または角柱 ΔV の側面を Σ とする（図 7-2 を見よ）．

[7-3-B] 境界条件の導出

さて，(7.10a) および (7.11a) によると，我々が問題にすべきエントロピーベクトル場の基本方程式は，

$$\text{rot}\, \boldsymbol{S}_E = 0, \quad \text{div}\, \boldsymbol{S}_E = \rho_s\,;\quad \text{div}\, \boldsymbol{S}_H = 0, \quad \text{rot}\, \boldsymbol{S}_H = \boldsymbol{j}_s \quad (7.13)$$

とまとめられる．ここに，ρ_s はエントロピー湧出の体積密度であり，$\boldsymbol{j}_s$ はエントロピー環流の体積密度である．

まず，これら四つの方程式の各々について，その両辺を図 7-2 の微小領域 ΔV にわたって体積積分し，拡張されたガウスの定理に基づいてその左辺を面積積分に書き直すと，ΔV の側面 Σ に関する面積積分は $h \to 0$ の極限で 0 となるから，

$$\int_{\Delta A} dA\, \boldsymbol{n} \times (\boldsymbol{S}_{E2} - \boldsymbol{S}_{E1}) = 0,$$
$$\int_{\Delta A} dA\, \boldsymbol{n} \cdot (\boldsymbol{S}_{E2} - \boldsymbol{S}_{E1}) = \int_{\Delta V} dv\, \rho_s, \quad (7.14a)$$

$$\int_{\Delta A} dA \, \boldsymbol{n} \cdot (\boldsymbol{S}_{H2} - \boldsymbol{S}_{H1}) = 0,$$

$$\int_{\Delta A} dA \, \boldsymbol{n} \times (\boldsymbol{S}_{H2} - \boldsymbol{S}_{H1}) = \int_{\Delta V} dv \, \boldsymbol{j}_s \quad (7.14b)$$

が得られる.ここに,$(\boldsymbol{S}_{E1}, \boldsymbol{S}_{H1})$ および $(\boldsymbol{S}_{E2}, \boldsymbol{S}_{H2})$ はそれぞれ ΔA_1 上および ΔA_2 上の $(\boldsymbol{S}_E, \boldsymbol{S}_H)$ の値であり,dv は微小領域 ΔV の体積要素である.

次に,(7.14a) および (7.14b) の第二式に注目して,それらの右辺の体積積分を考えてみると,微小領域 ΔV の体積 Δv は $h\Delta A$ であるから,これらの積分はそれぞれ近似的に $\rho_s \Delta v = (h\rho_s)\Delta A$ および $\boldsymbol{j}_s \Delta v = (h\boldsymbol{j}_s)\Delta A$ と導出される.従って,

$$\lim_{h \to 0} h\rho_s = \omega_s, \quad \lim_{h \to 0} h\boldsymbol{j}_s = \boldsymbol{k}_s \quad (7.15)$$

であるならば,これらの積分はそれぞれ有限な値 $\omega_s \Delta A$ および $\boldsymbol{k}_s \Delta A$ をもつことになる.こうして,(7.14) から,次の四つの境界条件が導かれる:

$$\boldsymbol{n} \times (\boldsymbol{S}_{E2} - \boldsymbol{S}_{E1}) = 0, \quad \boldsymbol{n} \cdot (\boldsymbol{S}_{E2} - \boldsymbol{S}_{E1}) = \omega_s ; \quad (7.16a)$$

$$\boldsymbol{n} \times (\boldsymbol{S}_{H2} - \boldsymbol{S}_{H1}) = \boldsymbol{k}_s, \quad \boldsymbol{n} \cdot (\boldsymbol{S}_{H2} - \boldsymbol{S}_{H1}) = 0. \quad (7.16b)$$

なお,我々は今後,これら ω_s および $\boldsymbol{k}_s$ を,それぞれ**表面エントロピー湧出**および**表面エントロピー環流**の面積密度と呼ぶことにする.

[7 - 3 - C] 境界条件についての考察

境界条件 (7.16) から,次の二つの結論が直ちに導かれる:
(1) 二つの不可逆サイクル系の境界面において,$\boldsymbol{S}_E$ の接線成分はつねに連続的に移り変わるが,$\boldsymbol{S}_E$ の法線成分は ω_s の存在によって,一般に不連続的に移り変わる;
(2) これに対して,$\boldsymbol{S}_H$ の接線成分は $\boldsymbol{k}_s$ の存在により,一般に不連続的に移り変わるが,$\boldsymbol{S}_H$ の法線成分は常に連続的に移り変わる.

現時点では残念ながら,これらの結論の妥当性について,その具体的な証拠を何ひとつ示すことができないが,筆者らは ω_s および $\boldsymbol{k}_s$ の役割について,次のように考えている.まず,ω_s については,もともと div $\boldsymbol{S}_E = \rho_s$ が単位体積あたりのエントロピー湧出を定式化したものであるので,不可逆サイクル系の集合体が正常に作動しているときには $\omega_s = 0$ であり,その体系が異物の侵入などによって異常をきたした場合にのみ $\omega_s \neq 0$ となるものと思われる.

一方,$\boldsymbol{k}_s$ については,rot $\boldsymbol{S}_H = \boldsymbol{j}_s$ が「情報受容装置」の信頼度および分子

機構によるエントロピー発生を定式化したものであるので，注目している集合体が正常であるか否かにかかわらず，その境界面において重要な役目を果たすものと思われる．従って，その体系が異常をきたした場合には，その k_s が正常のときよりも大きな値を示すに違いない．つまり，大雑把に例えれば，「表面エントロピー環流」はある屋敷の回りにはり巡らされたレーザースコープつきの高圧線の電流に相当するものであり，その外部から侵入する不審人物をたえず監視している，といえるわけである．

7-4．生体系の「絶対的不可逆性」について

[7-4-A]　絶対的不可逆性という言葉の意義

すでに第1-1節で述べたように，本質論の目標が物事の時間的変動に注目して，その論理を把握することであるとすれば，可逆性・不可逆性・絶対的不可逆性という言葉は，その論理を的確に表現し得るものである．なぜならば，これらの言葉は，「物差しとしての時間」が物事の時間的変動を規定する基本法則の中にどのような形で含まれているかを，明確に示すことができるからである．これまでくり返し述べてきたように，基礎生物科学の研究対象は，それぞれ絶対的不可逆性・不可逆性・可逆性を示すような，まったく異質の三つの物質的階層にまたがっている．言うまでもなく，この「まったく異質の」という言葉は，これら三つの階層がそれぞれ固有の法則によって使配されていることを示すものである．

周知のように，可逆性または不可逆性を示す物質的階層は，それぞれ力学法則または熱力学法則に支配されており，しかもこれら二種類の法則は統計力学によって結び付けられている．従って，もしこの統計力学という階層結合の論理が発見されていなければ，我々は可逆性の階層の実体的構造に基づいて，不可逆性の階層における諸現象を解析することができないはずである．つまり，自然の論理は，ミクロの世界の法則がわかりさえすれば，マクロの世界の現象も自動的に明らかになる，という具合には決してでき上がっていないのである．

さらに，もう一言つけ加えるならば，先人たちが統計力学の論理を把握できたのは，力学法則および熱力学法則が確立された後のことである．例えば，二つのミクロカノニカルな体系ⅠおよびⅡを接触させ，体系Ⅰの自由度が体系Ⅱのものよりも圧倒的に多いと仮定して，体系Ⅱのカノニカル分布を導く場合には（付録Bの［B-3-2］分節を見よ），体系Ⅰの微視的状態数 W とエント

ロピー S との間の関係式 $S = k \log W$，および体系Iの温度 T を定義する関係式 $(\partial S/\partial E)_V = 1/T$ が不可欠である．ここに，k はボルツマン定数であり，E と V はそれぞれ体系Iの内部エネルギーと体積を表わす．言うまでもなく，前者は周知のボルツマンの原理であり，その妥当性は熱力学から導かれる「混合のエントロピー」などによって，基礎づけられたものである．また後者は，熱力学の第一法則・第二法則から導かれるものである．

しかし，基礎生物科学の場合には，その研究が上述のような順序で進展しないであろう．なぜならば，生命現象は極めて多種多様であるので，それらの絶対的不可逆性を統一的に説明しうる論理を発見するためには，不可逆性の階層と絶対的不可逆性の階層とを結び付けている論理について，新しい考え方の提唱およびその改革をたえずくり返す必要がある，と思われるからである．このような観点から既存の物理学を眺めてみると，そこにはこのような階層結合の論理がまったく見当たらない．そこで筆者らは，シュレーディンガーの「時計仕掛け」仮説が生体系の絶対的不可逆性に対する最初の重要な提言であると考え，その熱力学的検討から我々の理論を展開して，この絶対的不可逆性に対する新しいエントロピー伝達理論の構築を試みてきたわけである．

[7-4-B]　不可逆性の起源

さて，絶対的不可逆性の起源を考える前に，なぜ統計力学が可逆的な力学法則から不可逆的な熱力学法則を導くことができるのか，その理由を考えてみると，それは統計力学の平均操作に帰着されることがわかる．いま，多数個の同一粒子からなる体系を想定し，その j 番目の粒子がある物理量について，A_j という値をもつものとすれば，$\{A_j\}$ の平均値 $\bar{A}$ が直ちに求められる．しかし，逆に $\bar{A}$ がわかっていても，個々の A_j を知ることはできない．つまり，情報の量としては，$\bar{A}$ のほうが $\{A_j\}$ のほうよりも著しく少なく，従って $\bar{A}$ と $\{A_j\}$ との関係は不可逆的である，といえるわけである．

さらに，関係式 $B_j = f(A_j)$ を満たすもう一つの物理量を考えてみると，$\{A_j\}$ がわかれば $\{B_j\}$ およびその平均値 $\bar{B}$ もわかるので，$\bar{A}$ と $\bar{B}$ との関係を知ることができる．しかし，逆に $\bar{A}$ がわかっていても，$\{A_j\}$ はわからないから，$\{B_j\}$ も $\bar{B}$ もわからない，つまり，$\bar{A}$ から出発した場合には，それが一義的に $\bar{B}$ に結び付くとは限らないのである．このように，マクロの世界の不可逆性を真に理解するためには，統計力学的平均操作によって引き起こされる「情報の不可逆性」を，情報理論の立場から明らかにしなければならないが，この問題

7-4. 生体系の「絶対的不可逆性」について　　　　　　　　　　　　　　　　125

はなかば未解決と言うべきであろう（［3-2-B］分節の (3.4) に注意せよ）．

［7-4-C］　「絶対的不可逆性」の起源

　最後に，我々は不可逆サイクル系の集合体 C を想定して，なにゆえにそれが絶対的不可逆性を示すのか，その起源を考察することにしよう．いま，集合体 C の j 番目の不可逆サイクル系を C_j とし，それが外部から仕事の形で供給されるエネルギー W_j によって逆転すると共に，そのエントロピーも減少する，と仮定してみる．言うまでもなく，この場合，C_j の外部におけるエントロピーは増大していなければならない．そうすると，集合体 C がその外部から $\sum_j W_j$ というエネルギーを受容し，その一部分である W_j を何らかの方法で正確に C_j に分配し得るならば，C に属するすべての $\{C_j\}$ が逆転し，C のエントロピーは減少するはずである．

　すでに［2-3-B］分節で述べたように，この種の問題を初めて提起したのは，マクスウェルである．彼は，『熱の理論』という彼の著作の中で，後に「マクスウェルのデモン」と呼ばれるようになった一つのパラドックスを提出したが，それは長い間物理学者を悩ませた．なぜならば，このデモンは断熱壁で囲まれた容器の中の気体分子について，その速度に関する情報を入手するだけで，気体全体のエントロピーを減少させることができるからである．このマクスウェルのパラドックスは，その後シラードおよびブリルアンによって解決され，「一般化されたカルノーの原理」（第 4-4 節を見よ）が確立されたのである．

　さて，C_j が $\sum_j W_j$ の一部分である W_j を確実に入手し得るためには，それを検出して受容し，かつそれを C_j に正確に分配する装置が必要であるが，「一般化されたカルノーの原理」によると，$\{W_j\}$ を入手したあとの $\{C_j\}$ 全体のエントロピーは，$\{W_j\}$ を入手する前のものより増大しているはずである．つまり，生体はこの増大を阻止する方法をさらに工夫しなければならないわけであるが，生体が「絶対的不可逆性」を示す（すなわち有限の寿命をもつ）ということは，生物が何十億年かをかけて遺伝子のなかに刻みこんできたその方法も，長時間にわたって稼働する膨大な数の $\{C_j\}$ には通用しないことを，物語っているのであろう．

　以上の考察から明らかなように，生体系の絶対的不可逆性は，「可逆的な力学系の集合体が不可逆性を示すように，数多くの不可逆サイクル系の集合体は絶対的不可逆性を示す」，というような簡単なものではなく，「情報入手に伴うエントロピー発生」（第 4 章を見よ）と密接に関連している．従って，今後の生命

物理学は，シュレーディンガーの「時計仕掛け」仮説のような，生命の本質に肉迫しうる理論的モデルを設定して，そのエントロピーベクトル場に対する基本方程式を定式化すると共に，その基本方程式およびグラフ理論に基づいて，どのようなエントロピー伝達経路が実際に出現するのか，さらになぜその経路が絶対的不可逆性を示すのか，それらの起源を理論的に明らかにしなければならない．前分節で考察した「情報の不可逆性」も，このような観点から，注目している体系の実体的構造を踏まえて（つまり具体的なエントロピー伝達経路に基づいて），定式化されるべきである．

付録 A. 熱力学とエントロピー

　　自然界には質的に異なるいくつかの物質的階層が存在し，それぞれ固有の法則によって支配されている．従って，我々が「不可逆性」の物質的階層で起こる諸現象を考察する場合にも，かならず「可逆性」の原子・分子の階層までさかのぼる必要がある，というわけでは決してなく，体積・圧力・温度・エントロピーなどの巨視的物理量を用い，かつこれらを支配しているいくつかの基本法則に基づいて，それら諸現象を論理的に理解することができる．これが熱力学の立場である．本付録では，この熱力学の形成過程をできるだけ忠実にたどって，その基本的諸概念および諸法則を根本的に理解できるように努め，結局熱力学の論理がエントロピーの発見によって体系化されたことを説明する．

A-1. 熱と熱力学第一法則

［A-1-1］　温度と熱力学第 0 法則

　いま，二つの物体を接触させて，ほかの物体からの影響を遮断しておくことにする．これらの物体が互いに力を及ぼし合うときには，もちろん何らかの変化が起こるが，力を及ぼし合わないときにも，初めのうちは一般に状態変化が起こり，各々の物体の冷温の度合も変化する．しかし，十分時間がたてば，このような変化は見られなくなってしまう．この状態を「熱平衡の状態」とよび，両方の物体は**温度**が等しくなったと言う．接触させても変化が起こらなかったときには，もともと温度が等しかったのである．経験によると，この**熱平衡**については，次の法則が成り立つ．

熱力学第 0 法則：二つの物体がそれぞれ第三の物体と熱平衡の状態にあれば，これら二つの物体どうしも熱平衡の状態にある．

言うまでもなく，温度計はこの第三の物体の役目を果すものであり，この熱力学第0法則は温度計が客観的に存在しうることについて，その根拠を与えるものである．

[A-1-2] 状態変数と状態方程式

熱力学では，体積・圧力・温度・エントロピーなどの物理量を，**状態変数**と呼ぶ．なぜならば，巨視的な物質系の状態が，これらの物理量によって表わされるからである．

いま，均一かつ等方的な物体を考え，その体積および一様な温度をそれぞれ V および θ とする．また，この物体の任意の面積要素には，それに垂直に一様な圧力 p (すなわち**静水圧**) が作用しているものとする．そうすると，これら三つの状態変数の間には，

$$p = f(V, \theta) \tag{A.1}$$

という関係式が，物体を構成する物質の種類によって，一義的に定まる．これが**状態方程式**であり，熱力学では与えられたものとして取り扱われる．なお，(A.1) では，V が必ず V/M の形で含まれる．ここに M は物体全体の質量である．なぜならば，p と θ を変えないで質量を2倍にすれば，体積もまた2倍になるからである．言うまでもなく，V/M は単位質量の占める体積 (すなわち密度の逆数) であって，これを**比体積**とよぶ．

[A-1-3] 内部エネルギーと熱量

任意の物体が外界と交渉をもつとき，次の2種類の仕方が考えられる：(1) ピストンを取りつけた容器に気体を入れてピストンを動かすとか，あるいは液体ならば撹拌器で撹拌するとか，とにかく力学的仕事がなされるような交渉の仕方；(2) 物体を外部から電熱器で熱する場合のように，力学的仕事はなされないが，とにかく物体の状態に変化を及ぼすような交渉の仕方．従って，物体を入れた容器の壁を適当なもの (例えば石綿) にすると，外界との交渉がもっぱら (1) の方法だけによるようにすることができる．このような壁を断熱壁という (この言葉には「熱」という文字が使われているが，上記の定義は「熱とは何か」ということを全く用いていない)．

さて，注目している物体を断熱壁で囲んで，その一つの状態をほかの状態へ変化させることを，まず考えてみよう．このとき，次のような経験法則が成り立つ：

A-1. 熱と熱力学第一法則

物体を一つの状態から**断熱的操作**でほかの状態へ移すとき,外部から物体に対してなされる仕事は,途中どのような道筋で移るかにはよらず,一定である.

すなわち,物体が取りうる任意の二つの状態を P_1 および P_2 とし,P_1 から P_2 へ断熱的に移る場合の道筋を C または C' として,その場合の仕事を $W(P_1CP_2)$ または $W(P_1C'P_2)$ で表わすならば,

$$W(P_1CP_2) = W(P_1C'P_2) = W(P_1, P_2) \tag{A.2}$$

が成り立つ.つまり,状態 P が決まれば決まってしまうような,ある物理量 $W(P_0, P)$ が存在するわけである.ここに P_0 は適当に選ばれた基準状態を表わす.いま,この量を

$$W(P_0, P) \equiv E(P) \tag{A.3a}$$

と表わすことにすれば,明らかに

$$W(P_1, P_2) = E(P_2) - E(P_1) \tag{A.3b}$$

で与えられる.

ところで,熱力学はもともと熱平衡を問題にする学問であるから,熱平衡に関係のない外界との相互作用を考慮する必要がない.従って,物体の運動エネルギーや,万有引力に対する位置エネルギーなどを,(A.3a) から取りさって考えることが多い.そのようなとき,(A.3a) の E は**内部エネルギー**とよばれる.そこで次に,内部エネルギーがそれぞれ E_1 および E_2 で与えられる物体の二つの状態を P_1 および P_2 とし,ある道筋 C に沿って P_1 から P_2 へ一般的に変化する場合を調べてみると,$W(P_1CP_2) \neq E_2 - E_1$ であることがわかる:

$$Q(P_1CP_2) = E_2(P_2) - E_1(P_1) - W(P_1CP_2). \tag{A.4a}$$

この Q を外界から物体に移った**熱**という.

よく知られているように,力学的仕事も熱量も,ジュール (1 joul = 10^7 erg) というエネルギーの単位で表わされる.しかし,昔からの便法として,熱量にはカロリー (cal) という単位も用いられる.1 cal とは 1 g の水の温度を 14.5°C から 15.5°C まで上昇させるのに必要な熱量であり,A ジュールの仕事が Q カロリーの熱量に 100 % の効率で転換されたとすると,

$$A \text{ joul} = J \cdot Q \text{ cal}, \quad J = 4.19 \text{ joul/cal} \tag{A.4b}$$

という関係が成り立つ．この J を**熱の仕事当量**という．

[A-1-4]　熱力学第一法則（エネルギー保存の法則）

物体の内部エネルギー E が非常に小さな変化 dE を起こす場合には，(A.4a) が次のように書き直される：

$$d'Q = dE - d'W. \tag{A.5}$$

ここに，E は**状態量**（あるいは状態変数；物体の状態が決まれば決まってしまう物理量）であるので，dE は微分量である．これに対して，Q および W は状態量でない（すなわち，二つの状態 P_1 および P_2 のみによって決まらず，P_1 から P_2 への道筋 C によって異なる値をもつ）ので，それらの微小変化を dQ および dW と書くわけにはゆかない．それゆえ，上式では，道筋 C による Q および W の微小変化が，それぞれ $d'Q$ および $d'W$ で表わされている．(A.4a) および (A.5) は，それぞれ熱力学第一法則の積分形および微分形の表現であり，それらの物理的内容は，熱学的現象をも含めた，拡張された意味でのエネルギー保存の法則である．

ところで，熱力学的な状態変化については，準静的過程という言葉がよく使われる．すなわち，各瞬間における物体の状態変化が，その平衡状態に無限に近い状態で行なわれ，しかもそれが経てきた状態を次々に逆の順序でたどることができるとき，この変化を**準静的過程**という．また，準静的過程でない変化を非静的過程という．言うまでもなく，実際に起こる変化は，変化というものの本性上，釣合いの状態の連続ではあり得ないのであるが，各瞬間の状態が釣合いの状態にほぼ等しくなるようにして，それを変化させることはできるわけである．つまり，準静的過程は実際に存在しないのであるが，いくらでもこれに近い過程を実現できるという意味で，一つの極限過程と考えられる．

最後に，物体が静水圧と考えられる圧力 p のもとで準静的変化を行なう場合には，その微少な体積変化 dV に対する外界からの仕事が $-p\,dV$ で与えられることを，注意しておこう．ここに負の符号は，物体の入手するエネルギーが正の量となるように付けられている．この場合，(A.5) は

$$d'Q = dE + p\,dV \tag{A.6}$$

と表わされる．

A-2. 理想気体の性質

[A-2-1] 状態方程式

経験によると，多くの稀薄気体は次のような二つの性質を備えている．第一に，気体の温度 θ が一定であるとき，その体積 V は外界の圧力 p に逆比例する（**ボイルの法則**）：

$$pV = f(\theta). \tag{A.7a}$$

第二に，p が一定であるとき，気体の膨張率は一定の値をもつ（**ボイル・シャル**ルまたは**ゲイ・リュサックの法則**）：

$$V/(\theta + \Theta_0) = V_0/\Theta_0, \quad \Theta_0 = 273°\text{C}. \tag{A.7b}$$

ここに V_0 は 0°C における気体の体積を表わす．

さて，ある稀薄気体の一定量を考え，圧力を一定に保って任意の温度 θ_1 あるいは θ_2 を与えた場合に，その体積が V_1 あるいは V_2 であったとすれば，(A.7a) と (A.7b) から，関係式

$$V_1/V_2 = f(\theta_1)/f(\theta_2) = (\theta_1 + \Theta_0)/(\theta_2 + \Theta_0)$$

が得られる．この式は，θ_1 および θ_2 が任意であるから，

$$f(\theta)/(\theta + \Theta_0) = 一定 \equiv R'$$

であることを意味している．また，経験によると，この R' は気体のモル数 n に比例する．従って，(A.7a) および (A.7b) は，

$$pV = nR\Theta, \quad \Theta = \theta + \Theta_0 \tag{A.8a}$$

とまとめられる．ここに，R は気体の種類によらない定数であり，

$$R = 8.31 \text{ joul}/(\text{deg} \cdot \text{mol}) \tag{A.8b}$$

という値をもつ．これを**気体定数**という．

実際の気体は，多かれ少なかれ (A.8) の性質を備えているが，気体が稀薄になればなるほど，特に高温・低圧では，(A.8) によく従う．あらゆる温度・圧力の範囲にわたって常に状態方程式 (A.8) が成り立つような仮想的気体を，**理想気体**と名づける．なお，(A.8) に基づき，理想気体を温度計として用いること

ができる．このような温度計を**気体温度計**という．また，気体温度計で測られた温度 θ に $\Theta_0 = 273$°C を加えたものを，**絶対温度**とよぶ．これがその名にふさわしく絶対的な意味をもつことは，第A-3節で明らかにされる．

[A-2-2] ジュールの法則と熱容量

理想気体はまたジュールの法則

$$(\partial E/\partial V)_\Theta = 0 \tag{A.9}$$

に従う．つまり，温度 Θ が一定ならば，一定量の理想気体の内部エネルギー E は，その体積 V が変わっても変わらないのである．通常，理想気体とは，(A.8) および (A.9) の性質によって定義される，仮想的な気体を意味している．

さて，(A.8) と (A.9) に第一法則 (A.6) を適用すると，どのような結果が導かれるかを考えてみよう．まず，E の独立な状態変数として Θ と V をとれば，(A.6) は一般に次のように表わされる：

$$d'Q = (\partial E/\partial \Theta)_V d\Theta + [p + (\partial E/\partial V)_\Theta]dV. \tag{A.10}$$

つぎに，**定積熱容量**を C_V とすれば，上式から

$$C_V \equiv (\partial'Q/\partial\Theta)_V = (\partial E/\partial\Theta)_V \tag{A.11}$$

が得られる．また，**定圧熱容量**を C_p とすれば，(A.10) と (A.11) から，

$$C_p \equiv (\partial'Q/\partial\Theta)_p$$
$$= C_V + [p + (\partial E/\partial V)_\Theta](\partial V/\partial\Theta)_p \tag{A.12}$$

が導かれる．これは任意の物体の C_p と C_V との間に存在する重要な関係式である．理想気体の場合には，(A.8) と (A.9) により，

$$C_p - C_V = nR \tag{A.13}$$

となる．なお，1モル（1g）当たりの熱容量は，通常**モル比熱**(**比熱**)と呼ばれる．たとえば，C_p/n は定圧モル比熱である．

[A-2-3] 断熱変化に対するポアッソンの関係式

最後に，理想気体が断熱的に変化する場合を考えてみよう．まず，(A.10)・(A.9)・(A.11) から，

が得られる．次に，(A.8a) から，

$$p\,dV + V\,dp = nR\,d\Theta$$

が導かれる．これら二つの式から $d\Theta$ を消去し，(A.13) を用いて整理すれば，

$$\gamma(dV/V) + (dp/p) = 0, \quad \gamma \equiv C_p/C_V \tag{A.14a}$$

となる．つまり，次式が成立するわけである：

$$pV^\gamma = const. \tag{A.14b}$$

これをポアッソンの関係式という．

A-3．カルノー・サイクルと熱力学的温度目盛

[A-3-1]　カルノー・サイクルとは何か

　ある物質系がその一つの状態から出発してある変化を行ない，ふたたび初めの状態に戻ったとき，この体系は循環過程を行なったという．このとき，外界に変化が残っているか否かを，まったく問題にしない．とにかく注目している体系がもとに戻ってさえいればよいのである．また，変化を行なう物質を，作

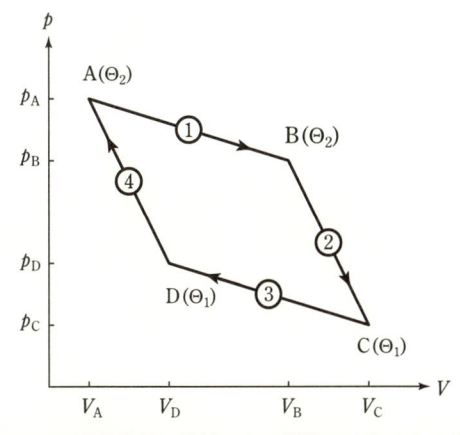

図A-1　**カルノーの循環過程．**横軸および縦軸はそれぞれ理想気体（作業物質）の体積および圧力を表わす．なお，簡単のために，等温曲線および断熱曲線がすべて直線で近似されている．

業物質という．いま，理想気体を作業物質にえらび，温度の異なる二つの熱源を用意して，カルノー・サイクルと呼ばれる図A-1のような循環過程を考えてみよう．ただし，熱源は作業物質に熱を与えたり，また作業物質から熱をうけ取ったりするものであるが，その熱容量が極めて大きいために，外界と熱をやり取りしても，その温度はほとんど変わらないものとする．

　カルノー・サイクルは，次のような二つの等温変化と二つの断熱変化から成っており，しかもこれらの変化はすべて準静的に行なわれるものである：

（1）　作業物質を温度 Θ_2 の高熱源に接触させながら，状態 $A(V_A, p_A)$ から状態 $B(V_B, p_B)$ まで，等温的に膨張させる；ここに，V_A および p_A は，それぞれ作業物質の体積および圧力を表わす；

（2）　作業物質を熱源から離して，状態 B から状態 $C(V_C, p_C)$ まで断熱的に膨張を続けさせ，その間にその温度を低熱源の温度 Θ_1 まで下げる；

（3）　作業物質を低熱源に接触させながら，状態 C から状態 $D(V_D, p_D)$ まで等温的に圧縮する；ただし，A と D が共通の断熱線のうえに乗るように，適当に D をえらぶ；

（4）　作業物質を熱源から離し，状態 D から状態 A まで断熱的に圧縮する．

[A-3-2]　カルノー・サイクルにおける仕事・熱量の出入り

　はじめに，（1）の過程について，作業物質が外界に対して行なった仕事 $W(A, B)$ および熱源から吸収した熱量 $Q(A, B)$ を計算する．この場合，状態方程式 (A.8a) およびジュールの法則 (A.9) を用いて，ただちに

$$W(A, B) = Q(A, B) = nR\Theta_2 \log(V_B/V_A) > 0 \tag{A.15}$$

が得られる．第二に，（2）の過程については，外界に対する仕事が

$$W(B, C) = [nR/(\gamma - 1)](\Theta_2 - \Theta_1), \quad Q(B, C) = 0 \tag{A.16}$$

と求められる．なぜならば，ポアッソンの関係式 (A.14b) によると，

$$p_B V_B^\gamma = p_C V_C^\gamma = pV^\gamma$$

が成り立つので，まず

$$W(B, C) = \int_{V_B}^{V_C} p\, dV = (p_B V_B - p_C V_C)/(\gamma - 1)$$

と計算されるからである．次に，状態方程式 (A.8a) に注意すると，

A-3. カルノー・サイクルと熱力学的温度目盛　　　　　　　　　　　　　　　135

$$p_B V_B = nR\Theta_2, \quad p_C V_C = nR\Theta_1$$

であるので，上記の $W(B,C)$ は直ちに (A.16) のように書き直される．第三に，(3) の過程は (1) の場合とまったく同様に扱われる．すなわち，

$$W(C,D) = Q(C,D) = nR\Theta_1 \log(V_D/V_C) < 0 \qquad (A.17)$$

である．最後に，(4) の過程については，(2) の場合と同様にして，

$$W(D,A) = [nR/(\gamma-1)](\Theta_1 - \Theta_2), \quad Q(D,A) = 0 \qquad (A.18)$$

が得られる．

[A-3-3] カルノー・サイクルの性質

ところで，状態方程式 (A.8a) を用いて (A.14b) を書きかえると，

$$\Theta V^{\gamma-1} = 一定 \qquad (A.19)$$

という関係式が得られる．従って，(2) および (4) の過程においては，

$$\Theta_2 V_B^{\gamma-1} = \Theta_1 V_C^{\gamma-1}, \quad \Theta_1 V_D^{\gamma-1} = \Theta_2 V_A^{\gamma-1}$$

が成立し，これら二つの関係式から，ただちに

$$(V_A/V_B) = (V_D/V_C) \qquad (A.20)$$

という関係が導かれる．

結局，以上の結果は次のようにまとめられる．すなわち，作業物質である理想気体は，カルノー・サイクルを一巡する間に，高熱源から正の熱量

$$Q(A,B) = nR\Theta_2 \log(V_B/V_A) \equiv Q_2 \qquad (A.21)$$

を受けとり，低熱源から負の熱量

$$Q(C,D) = nR\Theta_1 \log(V_A/V_B) \equiv Q_1 < 0 \qquad (A.22)$$

を受けとり（すなわち低熱源に正の熱量 $|Q_1|$ をあたえ），外界に正の仕事

$$W(A,B) + W(B,C) + W(C,D) + W(D,A)$$
$$= nR(\Theta_2 - \Theta_1) \log(V_B/V_A) \equiv W > 0 \qquad (A.23)$$

を行なうことになる．そして，これら三つの量の間には，

$$Q_2 + Q_1 - W = 0, \tag{A.24}$$

$$Q_2/\Theta_2 + Q_1/\Theta_1 = 0 \tag{A.25}$$

という，二つの重要な関係式が成り立つわけである．現在，作業物質のいかんにかかわらずこれらの式をみたす循環過程を，カルノー・サイクルと呼んでいる．

なお，カルノー・サイクルは準静的過程であるから，その全過程を逆方向に進行させることもできる．そのとき，一巡する間に作業物質が受けとる熱量および仕事は，順方向に進めた場合のそれらの量に負符号を付けたものに等しい．すなわち，作業物質は低熱源から正の熱量 $|Q_1|$ を受けとり，外界から正の仕事 W を受け，それらの和 Q_2 を熱量として高熱源に与えることになる．

[A-3-4] **熱力学的温度目盛**

これまで我々が用いてきた温度の目盛は，たとえば気体を使うとかして，便宜的に定めてきたものである．気体を使う温度計には，気体の圧力を一定に保ちながら体積の変化をはかる定圧気体温度計と，体積を一定に保ちながら圧力の変化をはかる定積気体温度計とがある．前者の場合には，水の氷点と沸点との間の体積差に着目して，それを100等分しただけの体積変化に対する温度差を 1°C とし，後者では圧力差の 100 等分に対応する温度差を 1°C とするのである．

水の氷点と沸点が温度計をつくる物質の種類によらず 0°C および 100°C であることは，定義の上から当然のことであるが，他の温度目盛は温度を定めるのに使う現象や温度計物質の種類によって，いくらかずれた値を与える．たとえば，定積水素温度計の目盛で 20°C のものを，定積空気温度計で測れば 20.008°C となり，水銀温度計で測れば 20.091°C となる．つまり，どの物質で作った温度計を標準とすべきかは，上記の方法だけでは決まらないのである．しかし，使用する物質に無関係な温度目盛法は確かに存在するのであって，その決定にカルノー・サイクルの性質が利用される．

いま，任意の作業物質を使い，二つの熱源の間にカルノー・サイクルを行なわせれば，温度 θ の高熱源から受けとった熱量 Q と，温度 θ_0 の低熱源に与えた熱量 Q_0 との比は，(A.25) によって θ と θ_0 だけの関数であり，使用する作業物質にはよらない：

$$Q/Q_0 = f(\theta)/f(\theta_0).$$

A-3. カルノー・サイクルと熱力学的温度目盛

ここに両熱源の温度はどんな温度計で測られたものであってもかまわない．そこで，改めて新しい温度目盛をつくり，この目盛による高(低)熱源の温度 T (T_0) を，次のように定めることにする：

$$T/T_0 = Q/Q_0. \quad (A.26a)$$

このようにして決めた T を，**熱力学的温度**とよぶ．

しかし，上式では温度の比が決まるだけである．そこでいま，1気圧のもとで氷の融ける温度を T_0 とし，同気圧のもとで水の沸騰する温度を $T_b = T_0 + 100$ と決めることにする．さらに，温度 T_b の高熱源と温度 T_0 の低熱源との間に可逆循環過程を行なわせ，そのとき交換する熱量をそれぞれ Q_b および Q_0 とする．そうすると，

$$(T_0 + 100)/T_0 = Q_b/Q_0 \quad (A.26b)$$

である．原理的にいえば，この式の右辺は測定できるものであり，可逆循環過程を行なう作業物質の種類によらず，等しい値を与えるものである．

しかし，T_0 を決定する際には，通常 (A.26b) を直接使用しない．それを次に説明しよう．いま，理想気体を作業物質にえらび，任意の熱源（気体温度計で測ったその絶対温度を Θ とする）と，水の氷点に等しい温度の熱源（その絶対温度を Θ_0 とする）との間に，カルノー・サイクルを行なわせることにする．そのとき交換する熱量を Q および Q_0 とすれば，

$$\Theta/\Theta_0 = Q/Q_0 \quad (A.27)$$

である．従って，(A.26a) から

$$T/T_0 = \Theta/\Theta_0 \quad (A.28a)$$

をうる．そこで，Θ についても T の場合と同じように，水の沸点と氷点との差を 100 とする：

$$(T_0 + 100)/T_0 = (\Theta_0 + 100)/\Theta_0.$$

そうすると，この式と (A.28a) から，

$$T_0 = \Theta_0, \quad T = \Theta \quad (A.28b)$$

が導かれる．すなわち，理想気体温度計の示す温度目盛は，気体の種類によらず同一であり，熱力学的温度に等しいのである．

一方，理想気体の膨張率を α とすれば，気体の一定な圧力を p として，

$$\alpha = [V(100) - V(0)]/[100V(0)]$$

$$= [(pV)_{100} - (pV)_0]/[100(pV)_0]$$

$$= (\Theta_b - \Theta_0)/[100\Theta_0] = 1/\Theta_0 = 1/T_0 \qquad (A.29a)$$

と計算される．すなわち，T_0 を求めることと，理想気体の膨張率の逆数を求めることとは，同等なのである．結局，T_0 は上式に基づいて，

$$T_0 = 273.15\text{K} \qquad (A.29b)$$

と決定される．ここに，K（ケルビン）という単位は，熱力学的温度目盛法を考えた英国のケルビン卿にちなんで，導入されたものである．

A-4．不可逆過程と熱力学第二法則

［A-4-1］　熱から仕事への転化には強い制限がある

熱力学第一法則は，仕事が熱に転化するような現象においてみられる，力学的エネルギーと熱量との等価性を積極的に表現したものであって，逆の場合，すなわち熱が仕事に転化するような現象については，何も言及していない．経験によると，熱が仕事に転化する現象は，仕事が熱に転化する現象とは異なり，かなり強い制限を受けている．たとえば，熱の仕事等量に関するジュールの実験においては，錘の降下によって得られた仕事が全部熱に変わって水を温めるが，逆に水が冷えて錘がもち上がるという結果を導くような実験はあり得ない．また，最も理想的な循環過程と考えられるカルノー・サイクルにおいても，外界に対して行なった仕事と高熱源から受けとった熱量との比 η_r は，高熱源および低熱源の熱力学的温度 T_2 および T_1 のみの関数 $(T_2 - T_1)/T_2$ として定まり，受けとった熱量が全部仕事に変わるというようなことは起こり得ない．たとえば，$T_2 = 373$K および $T_1 = 273$K とすると，$\eta_r = 0.268$ となる．

第一種永久機関，すなわち外界からエネルギーをうけ取ることなしに周期的に作動して仕事するような装置は，熱力学第一法則で否定されるものであるが，もし**第二種永久機関**，すなわち熱源が冷え，機械的な仕事を出すというだけで，他に何らの変化をも伴わずに周期的に働く装置が可能ならば，たとえば海水にほとんど無尽蔵に貯えられている熱を利用して，燃料を使わずに大洋を航海で

A-4. 不可逆過程と熱力学第二法則

きるというふうに，その重宝さは第一種永久機関に優るとも劣らないであろう．もし熱が直接仕事に転化し得るならば，第二種永久機関は確かに存在し得ることになる．しかし，そんな都合のよいものは作れない，というのが熱力学第二法則の主張するところなのである．

[A-4-2] 熱学的状態変化の不可逆性

熱力学第二法則は，熱学的現象が関与する状態変化の可逆性および不可逆性と，密接に関連している．熱学的体系 P が一つの状態 P_1 から他の状態 P_2 に移るとき，外界の物質系 K の状態も一般に K_1 から K_2 に移るであろう．いま，着目している体系 P を P_2 から P_1 にもどし，かつ K の状態を K_2 から K_1 に戻すことを考えてみよう．これは適当な装置を使えば必ず可能であるが，そのためには，もう一つ他の物体 K′ が必要となるであろう．そこで，適当な K′ を用いて (P,K) を (P_1, K_1) に戻したときに，K′ もまた初めの状態に戻っているようにすることができるとき，P における $P_1 \to P_2$ の過程は**可逆**であるという．また，どうしてもこれができないとき，**不可逆**であるという．つまり，初めの過程 $P_1 \to P_2$ を周囲に何らの痕跡も残さずに元に戻すことができるときには可逆であるといい，そうでないときには不可逆であるというわけである．この定義に従えば，準静的過程は明らかに可逆である．また，熱の仕事への転化に関する経験則は，次のように表現されることになる：仕事が熱に変わる現象，および熱が高熱源から低熱源に移動する現象は，不可逆である．

[A-4-3] クラウジウスとトムソンによる熱力学第二法則の表現

熱力学第二法則は，クラウジウスとトムソンによって，初めて次のように表現された．

クラウジウスの原理：一つの物質系が循環過程を行なって，低温の物体から熱を受けとり，高温の物体にこれを放出する以外に，何らの変化をも伴わないようにすることはできない；

トムソンの原理：ただ一つの温度をもつ物体から熱を受けとるような循環過程によって，正の仕事を得ることはできない．

これら二つの原理はまったく等価である．すなわち，クラウジウス（トムソン）の原理が正しければ，トムソン（クラウジウス）の原理も正しいのである．このことを証明するには，次の対偶命題を証明すればよい．

両原理の等価性：クラウジウス（トムソン）の原理が正しくなければ，トムソン

（クラウジウス）の原理も正しくない．

　この命題を証明するために，まず低温の熱源から熱量 Q' を受けとり，これを高温の熱源にあたえ，それ以外に何らの変化も残らないようにする．このことは仮説により可能である．次に，両熱源の間にカルノー・サイクルを行なわせて，高熱源から熱量 $(Q'+Q'')$ を受けとり，その一部 Q' を低熱源にあたえ，残りの Q'' を仕事に変えたとしよう．そうするとその結果は，高熱源が差引き Q'' だけの熱量を失い，それが全部仕事に変わったというだけで，そのほかには何の変化もないことになる．これはトムソンの原理を否定することである．

　逆に，トムソンの原理が正しくなければ，高熱源から熱量 Q'' を受けとり，それを全部仕事に変え，それ以外には何らの変化も残らないようにすることができる．そこで，その仕事をカルノー・サイクルの作業物質にあたえ，そのサイクルを逆向きに進行させることによって，低熱源から熱量 Q' を受けとり，高熱源に熱量 $(Q'+Q'')$ を与えることができる．その結果は，熱量 Q' が低熱源から高熱源に移ったというだけで，そのほかには何の変化もないことになる．これはクラウジウスの原理を否定することである．このように，これら二つの表現はまったく等価であるから，場合に応じてどちらか都合のよい方を使えばよいわけである．

　任意の熱力学的過程が可逆的であるか，あるいは不可逆的であるか，それを定義だけから判定することは，たとえ考えられる限りの方法でそれが不可逆であると結論されたにしても，まだ他の方法があるかもしれないという不安が残るわけであるから，あまり合理的ではない．そこで，不可逆性の判定には熱力学第二法則が用いられる．いま，一例として理想気体の真空膨張を考え，仮にこの膨張が可逆的であるとしてその方法を C とし，理想気体を一定温度の熱源に接触させながら準静的に膨張させる場合を考えてみよう．このとき，理想気体は外界に仕事を行ない，しかもその内部エネルギーは変わらないのであるから，かならず熱源から熱量を受けとらねばならない．いま，ある体積まで膨張したところで，上に仮定した方法 C によって理想気体の体積をもとに戻すことにすると，その結果は，理想気体が循環過程を行ない，一つの熱源から熱をとってこれを仕事に変えたことになる．これはトムソンの原理に反するので，理想気体の真空膨張は不可逆である，といえるわけである．

[A-4-4]　**熱機関の効率**

　熱を機械的な仕事に変え，周期的に働く装置を**熱機関**という．いま，一つの

A-4. 不可逆過程と熱力学第二法則

熱機関が温度 T_2 の高熱源から熱量 Q_2 を受けとり，外界に仕事 W を行ない，温度 T_1 の低熱源に熱量 Q_1 を与えたとしよう．当然，熱力学第一法則により，$W = Q_2 - Q_1$ である．W と Q_2 との比

$$\eta \equiv W/Q_2 = (Q_2 - Q_1)/Q_2 \qquad (A.30)$$

は，供給されたエネルギーの何割が仕事として有効に働くかを示す量であって，これを熱機関の効率とよぶ．

カルノー・サイクルは明らかに熱機関の一種であり，しかもその全過程は可逆である．すなわち，外界にだした仕事を再びこの機関にくわえ，その循環過程を逆方向に進めれば，低熱源は獲得しただけの熱を失い，高熱源は失っただけの熱を獲得し，変化に関与したすべてのものが元の状態にもどる．このような熱機関を可逆熱機関とよぶ．しかし，実際の熱機関には，程度の差こそあれ摩擦という不可逆過程が含まれているから，それは不可逆熱機関である．

さて，上記の二つの熱源の間に，任意の熱機関 C（可逆でも不可逆でもよい）とカルノー・サイクル C_r とを働かせることにしよう．C は高熱源から熱量 Q_2 を受けとり，低熱源に熱量 Q_1 をあたえ，外界に仕事 W を行なうものとする．また，C_r は高熱源から熱量 Q_{2r} を受けとり，低熱源に熱量 Q_{1r} をあたえ，同じく外界に W の仕事を行なうものとする．いま，C が外界に行なう仕事 W を使って，C_r を逆方向に運転させることにし，これを $\bar{C}_r$ としよう（図A-2を見よ）．C と $\bar{C}_r$ とを一まとめにすれば，結局高熱源から $(Q_2 - Q_{2r})$ の熱量を受けとり，低熱源に $(Q_1 - Q_{1r})$ の熱量を与えることになる．また，熱力学第一法則により，次の等式が成り立つ：

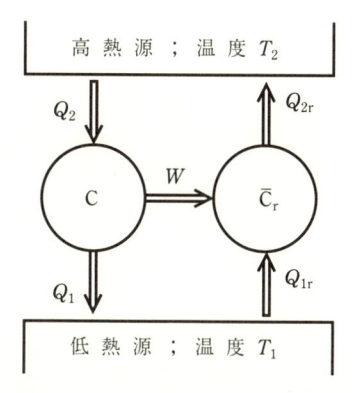

図A-2 任意の不可逆サイクル C とカルノー・サイクル $\bar{C}_r$ との組合せ
（その要点については本文を見よ）．

$$Q_1 - Q_{1r} = Q_2 - Q_{2r} \equiv \varepsilon. \tag{A.31}$$

$\varepsilon < 0$ の場合は，低熱源から正の熱量を受けとってこれを高熱原に与えるだけであるから，クラウジウスの原理に反する．$\varepsilon = 0$ の場合には，両熱源はまったく元の状態に戻るから，C は可逆である．$\varepsilon > 0$ の場合には，高熱源から正の熱量が放出されて，これが低熱源に吸収されることになるから，クラウジウスの原理により不可逆でなければならない．すなわち，$(C, \bar{C}_r)$ のうち $\bar{C}_r$ は可逆なのであるから，C が不可逆であるということになる．そこで，C および C_r の効率をそれぞれ η および η_r とすれば，

$$\eta = W/Q_2, \quad \eta_r = W/Q_{2r} = (T_2 - T_1)/T_2 \tag{A.32}$$

であるが ((A.25) を見よ)，C が可逆あるいは不可逆ならば，

$$Q_{2r} = Q_2 \quad \text{あるいは} \quad Q_{2r} < Q_2$$

であるから，次の結果が導かれる：

$$\eta \leq \eta_r \quad (= \text{は可逆の場合；} < \text{は不可逆の場合}). \tag{A.33}$$

[A-4-5] クラウジウスの不等式

関係式 (A.25) から明らかなように，高熱源および低熱源の絶対温度をそれぞれ T_2 および T_1 とすれば，可逆熱機関の効率 η_r は $(T_2 - T_1)/T_2$ で与えられるから，(A.33) は (A.30) を用いて，次のように書き直される：

$$Q_2/T_2 \leq Q_1/T_1. \tag{A.34a}$$

さて，[A-3-4] 分節からこれまでは，高熱源から作業物質への熱量の移動，および作業物質から低熱源への熱量の移動を正の方向にとって，それらの熱量をそれぞれ Q_2 および Q_1 としたのであるが，これからは再び熱源から作業物質への移動を，正の方向にとることにする．そうすると，(A.34a) は

$$Q_1/T_1 + Q_2/T_2 \leq 0 \tag{A.34b}$$

となる．これを**クラウジウスの不等式**という．

任意の作業物質が行なう任意の循環過程は，図A-1に示したような，pV 面上の一つの閉曲線によって表わされる．いま，この閉曲線で囲まれた図形を，図

A-5. エントロピーの発見による熱力学の体系化

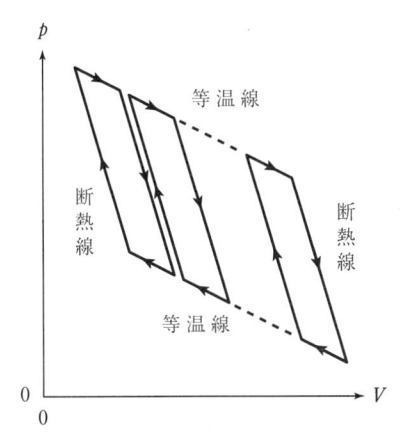

図A-3 pV 面の上の一つの閉曲線で囲まれた領域が，数多くの断熱線および微小等温線によって，無数の微小領域に分割されたことを，概略的に示すもの．

A-3のように，きわめて狭い間隔で引かれた数多くの断熱線，および隣りあった断熱線をつなぐ極めて短い等温線で作られる，数多くの微小部分に分けることにする．そうすると，各微小部分では，一般に (A.34b) が成立している．従って，微小等温線上で吸収される熱量を $d'Q$，そのときの熱源の温度を T とすると，循環過程全体については

$$\oint d'Q/T \leq 0 \qquad (A.34c)$$

が成立する．これが一般化されたクラウジウスの不等式である．ここに T は，可逆変化の場合には熱源の温度としても作業物質の温度としてもよいが，不可逆変化の場合にはあくまでも熱源の温度であって，作業物質の温度ではない．このことは (A.34b) から明らかである．

A-5．エントロピーの発見による熱力学の体系化

[A-5-1] エントロピーの発見

まず，任意の物質系が可逆的状態変化を行なって，ある基準状態 P_0 からほかの一つの状態 P に移ったとする．このとき，クラウジウスの不等式 (A.34c) によれば，積分 $\int_{P_0}^{P} d'Q/T$ の値は途中の道筋によらず，P の状態だけで決まる．そこで，これを

$$S = \int_{P_0(\mathrm{r})}^{P} d'Q/T \tag{A.35}$$

と書き，状態 P における体系のエントロピーと名づける．いま，任意の二つの平衡状態 (P_1, P_2) における体系のエントロピーをそれぞれ (S_1, S_2) とすれば，定義により

$$S_1 = \int_{P_0(\mathrm{r})}^{P_1} d'Q/T, \quad S_2 = \int_{P_0(\mathrm{r})}^{P_2} d'Q/T \tag{A.36a}$$

である．ところが，S_2 の積分に関する P_0 から P_2 までの道筋は，変化が可逆的である限り任意でよいのであるから，

$$S_2 - S_1 = \int_{P_1(\mathrm{r})}^{P_2} d'Q/T \tag{A.36b}$$

となる．また，P_1 と P_2 がほんのわずかしか異ならないときには，上式は

$$dS = d'Q/T \tag{A.36c}$$

と表わされる．数学的な言い方をすれば，$d'Q$ は一般に全微分ではないが，熱力学的温度 T を積分分母に選んで，$d'Q/T$ が全微分になるようにすることができるのである．

次に，任意の物質系が不可逆的状態変化を行なって P_1 から P_2 に移り，さらに可逆的状態変化を行なって P_2 から P_1 に戻ったとしよう．この循環過程は全体として不可逆であるから，(A.34c) によって

$$\int_{P_1(\mathrm{ir})}^{P_2} d'Q/T + \int_{P_2(\mathrm{r})}^{P_1} d'Q/T < 0$$

である．また，上式の左辺第二項は (A.36b) によって，$S_1 - S_2$ に等しい．従って，不可逆変化に対しては，

$$\int_{P_1(\mathrm{ir})}^{P_2} d'Q/T < S_2 - S_1 \tag{A.37a}$$

でなければならない．また，P_1 から P_2 までの不可逆変化が微小である場合には，上式は

$$d'Q/T < dS \tag{A.37b}$$

と表わされる．

結局，(A.36) と (A.37) を一まとめにして，

$$\int_{P_1}^{P_2} d'Q/T \leq S_2 - S_1, \quad d'Q/T \leq dS \tag{A.38}$$

A-5. エントロピーの発見による熱力学の体系化

をうる．ここに，等号および不等号は，それぞれ可逆変化および不可逆変化に対して成り立つ．言うまでもなく，この (A.38) が，エントロピーを用いて定量的に定式化された，**熱力学第二法則**である．

ここでエントロピーに関する二三の注意を述べておこう．まずエントロピーは，内部エネルギーと同様に，ある一定の状態を基準にとって定義される状態量であって，その付加定数は決まらないものである．また，(A.36c) が可逆変化に対して成り立つ式であるから，エントロピーもまた可逆変化に対してのみ定義される状態量である，などと考えるのは誤りである．エントロピーは物質系の状態が決まれば正確に決まる量であって，可逆変化を経てこようが不可逆変化を経てこようが，同じ状態に達しさえすれば，物質系はつねに同じエントロピーをもっているのである．(A.36c) はただ，その変化が $d'Q/T$ の積分に等しいとおけるのは，可逆変化の場合だけに限られる，と主張しているのである．従って，物質系が不可逆変化を行なって A から B に移ったとき，どれだけエントロピーが増加したかを求めるには，実際の道筋に関係なく，A から B へ可逆的に移行し得るような適当な道筋について，$d'Q/T$ を積分すればよい．

[A-5-2] 理想気体のエントロピー

一例として，理想気体のエントロピーを求めてみよう．まず，熱力学第一法則と (A.36c) から，

$$TdS = dE + pdV \tag{A.39}$$

が得られる．ここに，dE はジュールの法則 (A.9) によって

$$dE = (\partial E/\partial T)_V dT = C_V dT$$

と与えられ，また pdV は理想気体の状態方程式 (A.8) によって $nR(T/V)dV$ と表わされる．従って，

$$dS = C_V(dT/T) + nR(dV/V)$$

となり，これを積分すれば

$$S = \int (C_V/T)dT + nR \log V + const. \tag{A.40a}$$

が得られる．多くの気体においては，定圧および定積熱容量の値がひろい温度範囲にわたって，ほとんど一定である．そうすると，上式は

$$S = C_V \log T + nR \log V + const. \qquad (A.40b)$$

と近似される.また,独立変数として T と p を選ぶならば,(A.8) および (A.13) を用いて,

$$S = C_p \log T - nR \log p + const. \qquad (A.40c)$$

と表わすこともできる.

エントロピーの存在は,熱力学第一法則の段階では単に偶然的でしかなかった,理想気体の状態方程式 (A.8) とジュールの法則 (A.9) の両立を,論理的に説明することができる.たとえば,ジュールの法則は,(A.8) を用いて次のように導かれる.まず,E を T と V の関数と考えれば,(A.39) は

$$dS = \left[\frac{1}{T}\left(\frac{\partial E}{\partial V}\right)_T + \frac{nR}{V}\right] dV + \frac{1}{T}\left(\frac{\partial E}{\partial T}\right)_V dT$$

と表わされる.次に,dS は完全微分であるから,

$$\frac{\partial}{\partial T}\left[\frac{1}{T}\left(\frac{\partial E}{\partial V}\right)_T + \frac{nR}{V}\right] = \frac{\partial}{\partial V}\left[\frac{1}{T}\left(\frac{\partial E}{\partial T}\right)_V\right]$$

を満足しなければならない.この式から (A.9) が導かれる:

$$(\partial E/\partial V)_T = 0.$$

一方,ボイルの法則 (A.7a) を $pV = f(T)$ とおき,ジュールの法則を用いて $f(T)$ を決定することができる.なぜならば,このとき (A.39) は

$$dS = \frac{f(T)}{VT} dV + \frac{C_V}{T} dT$$

と表わされるから,

$$\frac{\partial}{\partial V}\left(\frac{C_V}{T}\right) = \frac{\partial}{\partial T}\left[\frac{f(T)}{VT}\right]$$

でなければならない.ところが,C_V はジュールの法則によって V によらないので,$f(T)/T =$ 一定 という関係式が導かれるのである.

[A-5-3] エネルギー特性関数とマクスウェルの関係式

まず,温度 T の外界から静水圧 p を受けている均一かつ等方的な熱力学的体系を考え,その内部エネルギー,エントロピーおよび体積が,ある微少な状態変化によって,それぞれ dE,dS および dV だけ,わずかに変化したとする.このとき,熱力学の第一法則 (A.6) および第二法則 (A.38) によって,

A-5. エントロピーの発見による熱力学の体系化

$$dE \leq TdS - pdV \qquad (A.41)$$

が成り立つ．ここに，等号および不等号は，それぞれ可逆的および不可逆的状態変化の場合に対応している．

次に，3種類のエネルギー関数 (H, F, G) を，それぞれ

$$H \equiv E + pV, \quad F \equiv E - TS, \quad G \equiv F + pV = E - TS + pV \qquad (A.42)$$

と定義すると，これらの関数の全微分は (A.41) を用いて，

$$dH \leq TdS + Vdp, \quad dF \leq -SdT - pdV, \quad dG \leq -SdT + Vdp \qquad (A.43)$$

と求められる．(A.41)・(A.43) から明らかなように，関数 E, H, F または G に対する最も合理的な二つの独立変数は，(S, V)，(S, p)，(T, V) または (T, p) である：

$$E = E(S, V), \quad H = H(S, p), \quad F = F(T, V), \quad G = G(T, p). \qquad (A.44)$$

そこで，例えば E については，内部エネルギーがエントロピーと体積を二つの独立変数とする**エネルギー特性関数**である，と正確に定義される．また，H は**エンタルピー**あるいは**熱関数**と，F は**ヘルムホルツの自由エネルギー**あるいは**定積自由エネルギー**と，そして G は**ギブズの自由エネルギー**あるいは**定圧自由エネルギー**と呼ばれる．

可逆的な状態変化の場合には，(A.41)・(A.43) が完全微分式であるから，次のような諸関係式が導かれる：

$$(\partial E/\partial S)_V = T, \qquad (\partial E/\partial V)_S = -p; \qquad (A.45a)$$

$$(\partial H/\partial S)_p = T, \qquad (\partial H/\partial p)_S = V; \qquad (A.45b)$$

$$(\partial F/\partial T)_V = -S, \qquad (\partial F/\partial V)_T = -p; \qquad (A.45c)$$

$$(\partial G/\partial T)_p = -S, \qquad (\partial G/\partial p)_T = V. \qquad (A.45d)$$

また，これらの関係式から，周知の**マクスウェルの関係式**が導かれる：

$$(\partial S/\partial p)_T = -(\partial V/\partial T)_p, \quad (\partial p/\partial S)_V = -(\partial T/\partial V)_S; \qquad (A.46a)$$

$$(\partial S/\partial V)_T = (\partial p/\partial T)_V, \quad (\partial V/\partial S)_p = (\partial T/\partial p)_S. \qquad (A.46b)$$

これらは，直接測定にかかりそうもない熱的変化量（左辺）を，直接測定にかかりやすい温度的変化量（右辺）に還元する，きわめて重要な関係式である．

なお，(A.46a)・(A.46b) の各第一式は，とくに重要な役目を果たすものである．すなわち，体積または圧力が変化するときの潜熱を，それぞれ L_V または L_p とすると，可逆的な状態変化の場合には，

$$d'Q = C_V dT + L_V dV \qquad d'Q = C_p dT + L_p dp \tag{A.47}$$

が成り立つが，この場合 $d'Q = TdS$ であるので，

$$(\partial S/\partial T)_V = C_V/T, \quad (\partial S/\partial V)_T = L_V/T; \tag{A.48a}$$

$$(\partial S/\partial T)_p = C_p/T, \quad (\partial S/\partial p)_T = L_p/T \tag{A.48b}$$

と表わされる．それゆえ，(A.46) を用いて，

$$(\partial C_V/\partial V)_T = T(\partial^2 p/\partial T^2)_V,$$

$$(\partial C_p/\partial p)_T = -T(\partial^2 V/\partial T^2)_p; \tag{A.49a}$$

$$L_V = T(\partial p/\partial T)_V, \quad L_p = -T(\partial V/\partial T)_p \tag{A.49b}$$

が導かれる．言うまでもなく，これら四つの関係式も，熱的物理量（左辺）を温度的物理量（右辺）に還元するものである．そして，熱力学とは，エントロピーという根本的な状態変数に対する法則に基づいて，まさに (A.46)・(A.49) のような諸関係を与える学問体系なのである．

図A-4 は，状態変数が (p, V, T, S) の四つである場合について，熱力学の論理をまとめたものである．言うまでもなく，左図の第一段目は，第0法則と状態方程式 (A.1) との関係を示したものであり，後者が前者（すなわち温度の概念）の確

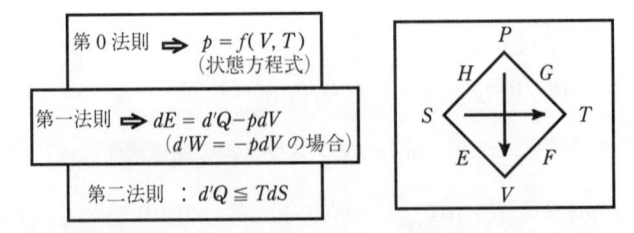

図A-4　熱力学の論理． (A.41)から(A.46)までの諸公式は本図から導かれる．右図の中の矢印の意味については，これらの諸公式における正負の符号を考えてみればよい．

立とともに定式化されたことを表わしている．なお，第二段目は，$d'W = -pdV$ である場合について，第一法則 (A.5) を書き直したものであり，第三段目は第二法則 (A.38) を示したものである．

図A-4における右図のダイアグラムは，(A.41) から (A.46) までの諸公式を機械的に書き下せるように，考案されたものである．例えば，(A.42) における G の場合を考えてみると，その独立変数は G を挟んでいる二つの変数 p と V であり，(A.43) の dG における dp (dT) の係数は，矢印→を順（逆）にたどって，$+V$ $(-S)$ と得られる．また，この dG に対する不等号の向きは，第三段目の $d'Q$ に対する不等号の向きとまったく同じである．さらに，マクスウエルの関係式 (A.46) も，このダイアグラムを用いて容易に書き下せる．それらの正負の符号については，矢印のついた対角線に関する鏡映関係を考えてみればよい．なお，これらの諸関係式以外のものも，まったく同様にして得られるので，読者みずから試みられたい．

[A-5-4]　**熱力学的状態変化の進行方向**

不等式 (A.41)・(A.43) は，状態変数が (p, V, T, S) である場合の熱力学的状態変化について，その進行方向を決定する重要な方程式である．いま，これらの式に基づいて，とくに重要な状態変化を考えてみると，まず次のような諸条件が直ちに得られる．

$$(a) \quad 断熱的定積変化: dE \leq 0. \qquad (A.50a)$$

$$(b) \quad 断熱的定圧変化: dH \leq 0. \qquad (A.50b)$$

$$(c) \quad 等温・定積変化: dF \leq 0. \qquad (A.50c)$$

$$(d) \quad 等温・定圧変化: dG \leq 0. \qquad (A.50d)$$

ちなみに，(A.50a) は周知の「力学的エネルギー極小の原理」であるが，我々はその不等号が第二法則 (A.38) に由来していることを忘れてはならない．

次に，断熱変化に対する条件を考えてみると，孤立系の場合には，(A.38) から**エントロピー増大の法則**が導かれる：

$$dS \geq 0. \qquad (A.51)$$

逆に，この式から，**クラウジウス・トムソンの原理**や (A.38) が直ちに導かれる．例えば，(A.38) については，温度 T の熱浴およびそれに浸っている均一かつ

等方的な熱力学的体系が孤立系を成すものと考え，後者が前者から熱量 $d'Q$ をうけ取ってそのエントロピーを dS だけ増加させたとすると，前者のエントロピーは $d'Q/T$ だけ減少しているわけであるから，(A.51) から (A.38) が直ちに得られるのである．

また，孤立していない熱力学的体系の断熱変化については，$-pdV$ を $d'W$ に置きかえて，(A.41) を一般的に

$$dE \leq TdS + d'W \qquad (A.52a)$$

と書き改め，次の条件を導けばよい：

$$dE \leq d'W \quad \text{または} \quad -dE \geq -d'W. \qquad (A.52b)$$

つまり，断熱変化によって内部エネルギーを dE だけ増加させるには，一般に dE よりも大きな仕事を外界から加えなければならないのである．また，断熱変化によって内部エネルギーが dE だけ減少するときには，外界に対して行なう仕事 $-d'W$ が一般に $-dE$ よりも小さいわけである．そこで，(A.52b) の第一式を，断熱変化に対する**最大仕事の原理**という．

なお，等温変化についても，これと同様なことが言える．なぜならば，(A.43) の dF における $-pdV$ を $d'W$ に置き換えると，

$$dF \leq -SdT + d'W \qquad (A.53a)$$

が得られるので，等温変化に対する条件として，

$$dF \leq d'W \quad \text{または} \quad -dF \geq -d'W \qquad (A.53b)$$

が導かれるからである．この式は，(A.52b) の dE を，dF に置き換えたものに等しい．従って，等温変化における dF と $d'W$ との関係についても，(A.52b) の場合と同様なことが言えるわけである．そこで，(A.53b) の第一式を，等温変化に対する最大仕事の原理という．

付録 B. 統計熱力学の論理

　物質の巨視的性質を調べる場合，二つの立場が考えられる．一つは熱力学の立場であり，もう一つは統計力学の立場である．統計力学の使命は，巨視的物体を構成する無数の原子や分子を考え，それらの力学的性質に統計的平均操作を施して，巨視的物体の熱力学的諸性質を明らかにすることである．本付録では，まずこの統計的平均操作の根源であるボルツマンの原理について説明し，次にこの原理からどのような考え方でカノニカル分布が導かれるかを明らかにする．そして最後に，力学的なミクロの量と熱力学的なマクロの量とを結びつける分配関数について述べる．一口にいうと，熱力学的現象の不可逆性は，この統計的平均操作に起因している．なぜならば，ある量に関するいくつかの可能な値から，その平均値を求めることはできるが，逆にその平均値から，個々の値を知ることはできないからである．

B-1．混合のエントロピー

[B-1-1]　理想気体の混合

　まず，図B-1(a)のように，二種類の理想気体 G_1 および G_2 がそれぞれ体積 V_1 および V_2 の二つの領域に入っていて，温度 T および圧力 p の熱平衡状態にあるものとする．次に，これら二つの領域を仕切っていた膜をとり去り，G_1 および G_2 を互いに拡散させて，図B-1(b)のように，各気体が全体積 $V = V_1 + V_2$ を一様に満たすようにする．ただし，温度および圧力は一定に保たれているものとする．さらに，図B-1(b)のようになった混合気体に，特別なピストンをつけ，それを移動させて，図B-1(c)のような状態を実現させることにする．ここに，M_1 および M_2 は，それぞれ気体 G_1 および G_2 だけを通す半透膜である．

(a) (b)

(c)

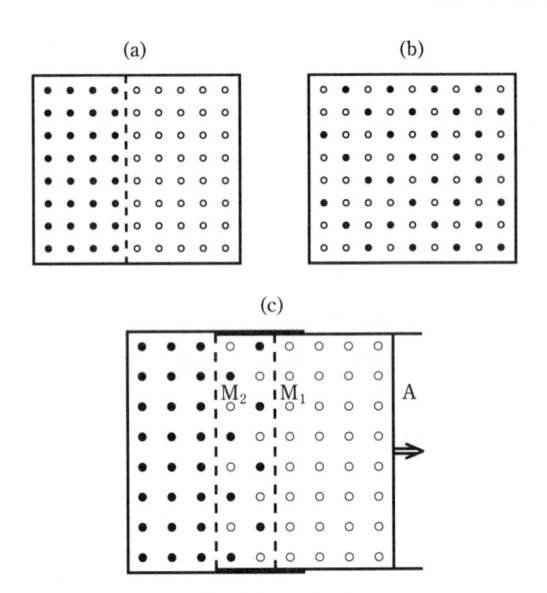

図B-1　2種類の理想気体 G_1（白丸）および G_2（黒丸）の混合. (a) および (b) はそれぞれ混合前および混合後の状態を表わす. また, (c) における M_1 および M_2 は, それぞれ G_1 および G_2 だけを通す半透膜である.

さて, 面 A に働く圧力は, G_1 だけによるものである. また, M_2 には, 下方から G_2 による圧力が, また上方から混合気体による圧力が作用しており, 差し引き上方から G_1 だけによる圧力が働いている. つまり, ピストンが気体から受ける力は打ち消し合っており, 従ってピストンを動かす際に仕事は行なわれない. そのうえ, 温度を一定に保っていれば, ジュールの法則 (A.9) によって内部エネルギーの変化はないから, 熱の出入りもない. また, ピストンを準静的に動かすならば, その移動は可逆的であるから, エントロピーにも変化がないことになる. つまり, 両理想気体の混合状態図B-1(b) のエントロピーと, ピストンを準静的に移動させてそれらを分離した状態図B-1(c) のエントロピーとは, たがいに等しいわけである.

[B-1-2]　混合によるエントロピー変化

状態図B-1(b) のエントロピー S は, 両理想気体がそれぞれ全体積 V を占めるときのエントロピーの和に等しいから, (A.40b) によって

$$S = \sum_{j=1}^{2} N_j \left(C_{Vj} \log T + k \log V + c_j \right)$$

となる．ここに N_j は理想気体 G_j の分子数である；C_{Vj} は分子 1 個あたりの定積熱容量である；k はボルツマン定数である；c_j は定数である．一方，状態図 B-1 (a) のエントロピー S_0 は，両理想気体がそれぞれ体積 V_1 および V_2 を占めるときのエントロピーの和であるから，

$$S_0 = \sum_{j=1}^{2} N_j \left(C_{Vj} \log T + k \log V_j + c_j \right)$$

と得られる．

従って，S と S_0 との差をとると，

$$S - S_0 = -k \sum_{j=1}^{2} N_j \log \left(V_j / V \right) \tag{B.1a}$$

となる．これを**混合のエントロピー**という．また，$N_2/N_1 = V_2/V_1$ であるから，$V_j/V = N_j/N$ $(N = N_1 + N_2)$ となる．それゆえ，上式は

$$S - S_0 = -k \sum_{j=1}^{2} N_j \log \left(N_j / N \right) > 0 \tag{B.1b}$$

と書き直される．さらに，スターリングの近似式

$$\log (N!) \simeq N(\log N - 1), \quad N \gg 1$$

を用いて上式を書き直すと，次式が得られる：

$$S - S_0 \simeq k \log W, \quad W = N!/(N_1! N_2!). \tag{B.1c}$$

B-2．ボルツマンの原理

[B-2-1]　エントロピーと微視的状態数との関係

関係式 (B.1b) は，混合のエントロピーが正であることを示している．また，このエントロピーは，$N_1/N = 1/2$ のときに最大値 $kN \log 2$ をとり，$N_1 = 0$ または $N_1 = N$ のときに最小値 0 をとる（[3-2-A] 分節を見よ）．

一方，注目している理想気体の状態が図 B-1 (a) から図 B-1 (b) へ変化したとき，その無秩序度は明らかに増大している．また，この増大を気体 G_1 の分子数について眺めれば，状態 B-1 (b) は $N_1/N = 1/2$ のときに最も乱雑であり，$N_1 = 0$ または $N_1 = N$ のときに最も高い秩序をもつ．要するに，注目している理想気体のエントロピーは，その無秩序度の増大とともに増大しているのである．

さて，体積 V/N の N 個の微小領域に，N_1 個の気体分子 G_1 および N_2 個

の気体分子 G_2 を分配することを考えてみると,この分配には $N!/(N_1!N_2!)$ とおりの仕方があり,(B.1c) の W に一致する.つまり,この W は,一つの巨視的状態に対応する,出現可能な微視的状態の個数を表わしているわけである.従って,ある巨視的状態は,その**微視的状態数**が大きければ大きいほど,容易に実現される.そこで,一つの巨視的状態に対応する微視的状態数は,しばしば**熱力学的重率**あるいは**熱力学的確率**とも呼ばれる.

要するに,エントロピー S は巨視的状態の**無秩序度**を表わす物理量であり,その熱力学的確率 W の関数である.また,孤立系に対するエントロピー増大の法則は,その体系が出現確率の小さい (秩序の高い) 状態から出現確率の大きい (秩序の低い) 状態へ変化することを示しているのである:

$$S = f(W), \quad df/dW \geq 0. \tag{B.2}$$

[B-2-2] 関数 $f(W)$ の決定

いま,二つの部分系からなる一つの巨視的体系を考え,それらがそれぞれ一定のエネルギー $(E_1, E_2, E = E_1 + E_2)$ をもつ熱平衡状態にあるものとして,それらのエントロピーおよび熱力学的確率を,それぞれ (S_1, S_2, S) および (W_1, W_2, W) とする.この場合,

$$S = S_1 + S_2, \quad W = W_1 W_2$$

であるから,(B.2) の結論に従って

$$S = f(W), \quad S_1 = f(W_1), \quad S_2 = f(W_2)$$

とおくと,次式が得られる:

$$W_1[df(W_1)/dW_1] = W_2[df(W_2)/dW_2] = W[df(W)/dW].$$

言うまでもなく,上式が W_1 および W_2 の任意の値に対して成り立つためには,その三つの項がすべて一つの定数 k に等しくなければならない.また,条件 (B.2) によれば,この k は正の実数である:

$$df(W)/dW = k/W, \quad k > 0 \; : \; S = k \log W. \tag{B.3}$$

しかも,この S を (B.1c) と比較してみれば,k はボルツマン定数であることがわかる.こうして,任意の熱力学的体系のエントロピー S は,その微視的状態数 W の対数関数として表現されることが,一般的に証明されたわけである.

通常，S と W との間に，$S = k \log W$ という関係が成り立つことを，**ボルツマンの原理**という．

[B-2-3] 一つの例

いま，N 個の同一分子からなる気体を考え，その一つの熱力学的状態において，$\{N_j\}$ 個の分子がそれぞれ $\{E_j\}$ のエネルギーをもつものとすれば，この状態における分子 1 個あたりのエネルギー平均値は，

$$E = (\sum_j N_j E_j)/N, \quad N = \sum_j N_j$$

で与えられる．つまり，一定のエネルギー NE をもつこの熱力学的状態には，

$$W = N!/(\prod_j N_j!)$$

個の微視的状態が対応しており，従ってそのエントロピーは，ボルツマンの原理とスターリングの近似式により，

$$S \simeq -kN \sum_j (N_j/N) \log (N_j/N) \tag{B.4a}$$

と求められるわけである．

なお，上式は，任意の一つの分子に着目したときにそのエネルギーが E_j である確率 $p_j = N_j/N$ を用いて，

$$S/N \simeq -k \sum_j p_j \log p_j, \quad \sum_j p_j = 1 \tag{B.4b}$$

と書き直される．つまり，S/N は $\{-k \log p_j\}$ の平均値であり，$-k \log p_j$ はエネルギー E_j をもつ分子 1 個あたりのエントロピーに相当するものである．

[B-2-4] ボルツマンの原理の成立ち

最後に，ひとこと注意しておくと，ボルツマンの原理はもともと本節で述べたような考え方で導かれたものではない．1887 年，ボルツマンは気体分子の速度分布則を導くために，区間 $(\boldsymbol{v}, \boldsymbol{v} + d\boldsymbol{v})$ 内に速度をもつ分子の個数を $f d^3\boldsymbol{v}$ ($d^3\boldsymbol{v} \equiv dv_x dv_y dv_z$) と表わし，まず f に対するボルツマン方程式に基づいて，次の H **定理**を証明した：

$$H[f] \equiv \int f \log f \, d^3\boldsymbol{v}, \quad dH[f]/dt \leq 0. \tag{B.5a}$$

また，方程式 $dH[f]/dt = 0$ から，平衡状態における f の形を求めて，マクス

ウェル・ボルツマンの分布則を導いた．

その後 1902 年に，ギブズは力学的体系の統計的集団の分布関数に対して，ボルツマンの H 定理を次のように拡張した：

$$H_G \equiv \sum_k \rho_k \log \rho_k (d^f\boldsymbol{q}\,d^f\boldsymbol{p})_k, \quad dH_G/dt \leq 0. \tag{B.5b}$$

ここに，$\boldsymbol{q}$ および $\boldsymbol{p}$ は，それぞれ f 次元の一般化座標および一般化運動量を，ひとまとめにしたものである；$(\boldsymbol{q},\boldsymbol{p})$ を座標とする $2f$ 次元の位相空間を，数多くの微小体積 $\Delta^f\boldsymbol{q}\Delta^f\boldsymbol{p}$ で分割して，その k 番目の微小領域を $(\Delta^f\boldsymbol{q}\Delta^f\boldsymbol{p})_k$ とする；この位相空間における統計的集団の微視的密度を ρ とし，それを $(\Delta^f\boldsymbol{q}\Delta^f\boldsymbol{p})_k$ 内で平均したものを，粗視的密度 ρ_k とする；$\int \rho \log \rho \, d^f\boldsymbol{q}\,d^f\boldsymbol{p}$ は，時間的に一定である．

この H 定理からエントロピーへいたる道は，比較的平坦である．たとえば，(B.4b) を理解した読者は，(B.5b) の H_G 関数と (B.4b) の S との比較から，この問題を研究し始めるであろう．実は，ボルツマンもこれと同様な考え方によって，$S = -kH$ というボルツマンの原理の原型に到達したわけであるが，それを $S = k \log W$ という形に表現したのは，プランクである．彼の量子仮説（1900 年）によれば，ある熱力学的体系のエネルギー状態に対応する微視的状態数 W は，その系がとりうるエネルギー量子状態の個数として，明確に定義されるのである（[B-4-1] 分節を見よ）．

B-3．カノニカル系の分配関数とエントロピー

[B-3-1] ミクロカノニカル分布

ある一定のエネルギーをもつ体系の微視的状態が，すべて等しい確率で生起しうるとき，それら微視的状態は**ミクロカノニカル分布**をなすと言われる．また，この分布をなす微視的状態の集団は，**ミクロカノニカル系**と呼ばれる．なお，ミクロカノニカル分布をなす微視的状態の個数は，**配合数**とも呼ばれる．

エネルギー E をもつミクロカノニカル系のエントロピー S は，前節で述べたボルツマンの原理に基づいて求められる．すなわち，その系の配合数を $W(E)$ とすれば，$S(E) = k \log W(E)$ で与えられる．

[B-3-2] カノニカル分布

さて，二つのミクロカノニカル系 I と II を接触させて，結合系 (I + II) をつくり，これら三つの体系のエネルギーをそれぞれ $(E_\mathrm{I}, E_\mathrm{II}, E)$ と表わして，

B-3. カノニカル系の分配関数とエントロピー

$$E = E_\mathrm{I} + E_\mathrm{II}, \quad E_\mathrm{I} \gg E_\mathrm{II} \tag{B.6}$$

と仮定することにしよう．

まず，体系 I [II] について，区間 $(E_\mathrm{I}, E_\mathrm{I}+\Delta E_\mathrm{I})$ $[(E_\mathrm{II}, E_\mathrm{II}+\Delta E_\mathrm{II})]$ 内にエネルギーをもつ独立な微視的状態の個数を，$\Omega_\mathrm{I}(E_\mathrm{I})\Delta E_\mathrm{I}$ $[\Omega_\mathrm{II}(E_\mathrm{II})\Delta E_\mathrm{II}]$ と表わす．この $\Omega_\mathrm{I}(E_\mathrm{I})$ $[\Omega_\mathrm{II}(E_\mathrm{II})]$ を体系 I [II] の**状態密度**という．そうすると，体系 I および II のエネルギーがそれぞれ区間 $(E_\mathrm{I}, E_\mathrm{I}+\Delta E_\mathrm{I})$ および $(E_\mathrm{II}, E_\mathrm{II}+\Delta E_\mathrm{II})$ の中に見出される確率は，次のように与えられる（図 B-2(a) を見よ）：

$$P_E(E_\mathrm{I}, E_\mathrm{II})\Delta E_\mathrm{I}\Delta E_\mathrm{II} = \Omega_\mathrm{I}(E_\mathrm{I})\Omega_\mathrm{II}(E_\mathrm{II})\Delta E_\mathrm{I}\Delta E_\mathrm{II} / [\Omega_\mathrm{I+II}(E)\Delta E]. \tag{B.7}$$

ここに $\Omega_\mathrm{I+II}(E)$ は結合系 (I+II) の状態密度である．

次に，体系 II に注目して，そのエネルギーが区間 $(E_\mathrm{II}, E_\mathrm{II}+\Delta E_\mathrm{II})$ に見出される確率を求めてみると（図 B-2(b) を見よ），次式が得られる：

$$\begin{aligned}P_E(E_\mathrm{II})\Delta E_\mathrm{II} &= [\Omega_\mathrm{I}(E-E_\mathrm{II})\Delta E] \cdot [\Omega_\mathrm{II}(E_\mathrm{II})\Delta E_\mathrm{II}] / [\Omega_\mathrm{I+II}(E)\Delta E] \\ &= \Big[\frac{\Omega_\mathrm{I}(E)}{\Omega_\mathrm{I+II}(E)}\Big] \cdot \Big[\frac{\Omega_\mathrm{I}(E-E_\mathrm{II})}{\Omega_\mathrm{I}(E)}\Big] \cdot \big[\Omega_\mathrm{II}(E_\mathrm{II})\Delta E_\mathrm{II}\big]. \end{aligned} \tag{B.8a}$$

ここで，上式の第一因子 $\Omega_\mathrm{I}(E)/\Omega_\mathrm{I+II}(E)$ を眺めてみると，この因子は E のみの関数であり，E_II に関しては定数であることがわかる．そこで，この因子を $C(E)$ と表わすことにする．また，体系 I のエントロピー S_I と状態密度 Ω_I との間には，**ボルツマンの原理**によって次式が成り立つ：

$$S_\mathrm{I}(E) = k\log[\Omega_\mathrm{I}(E)\Delta E] \ : \ \Omega_\mathrm{I}(E)\Delta E = \exp[S_\mathrm{I}(E)/k]. \tag{B.8b}$$

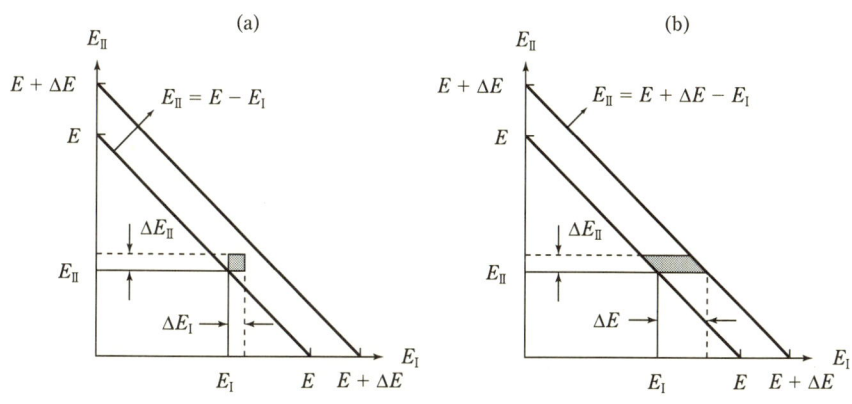

図 B-2 (a) および (b) はそれぞれ (B.7) および (B.8a) の導出に利用される．

そこで，(B.6) の条件を考慮し，かつ S_I が変化する過程においては体系 I の体積 V_I がほぼ一定であると仮定して，(B.8a) の第三因子を

$$\Omega_I(E - E_{II})/\Omega_I(E) = \exp\{[S_I(E - E_{II}) - S_I(E)]/k\}$$

$$\simeq \exp\{-[\partial S_I(E)/\partial E]_V E_{II}/k\}$$

と書き直すことにすれば，次式が得られる：

$$P_E(E_{II})\Delta E_{II} \simeq C(E)\Omega_{II}(E_{II})\Delta E_{II} \exp\{-[\partial S_I(E)/\partial E]_V E_{II}/k\}. \quad (B.8c)$$

ここに，$[\partial S_I(E)/\partial E]_V$ の添字 V は，結合系 (I + II) の体積を表わす．

さらに，体系 I の温度を T_I とすれば，(B.6) により $E \simeq E_I$ であるので，

$$[\partial S_I(E)/\partial E]_V \simeq [\partial S_I(E_I)/\partial E_I]_{V_I} = 1/T_I \quad (B.9a)$$

と近似することができる ((A.45a) を見よ)．つまり，(B.8c) は，最終的に

$$P_E(E_{II})\Delta E_{II} \simeq C(E)\,\Omega_{II}(E_{II})\Delta E_{II}\exp(-E_{II}/kT_I) \quad (B.9b)$$

と書き直されるのである．これを**カノニカル分布**といい，この分布をなす体系を**カノニカル系**とよぶ．上式から明らかなように，カノニカル分布の特徴は，それが $\exp(-E_{II}/kT_I)$ という因子を有することである．

[B-3-3] 分配関数と熱力学的諸関数との関係

まず，温度 T の熱浴に浸っているカノニカル系が，離散的なエネルギー固有値 $\{E_j\}$ をとるものとして，それらの生起確率 $\{p_j\}$ を

$$p_j = \exp(-E_j/kT)/Z(T,V), \quad \sum_j p_j = 1 ; \quad (B.10a)$$

$$Z(T,V) = \sum_j \exp(-E_j/kT) \quad (B.10b)$$

と表わすことにする．ここに V はこの体系の体積である（$\{E_j\}$ が V の関数であることに注意せよ）．この $Z(T,V)$ を**分配関数**または**状態和**という．

次に，このカノニカル系の内部エネルギー E を，$\{p_j\}$ による $\{E_j\}$ の平均値として定義する：

$$E \equiv \sum_j p_j E_j = kT^2[\partial \log Z(T,V)/\partial T]_V. \quad (B.11)$$

また，この体系のエントロピーを，(B.4b) の結論に従って

$$S \equiv -k\sum_j p_j \log p_j = E/T + k\log Z(T,V) \tag{B.12a}$$

と表わす．そうすると，ヘルムホルツの自由エネルギー $F(T,V)$ と $Z(T,V)$ との関係が，次のように求められる（(A.42) を見よ）：

$$F = E - TS = -kT\log Z(T,V). \tag{B.12b}$$

これら三つの関係式から明らかなように，(B.10b) の分配関数 Z は，ミクロの力学的量 $\{E_j\}$ とマクロの熱力学的量 (E, S, F) とを結びつける，極めて重要な物理量である．また，Z と F との関係が，Z とギブズの自由エネルギー G との関係よりも先に，しかも E とのものと同時に導かれるのは，Z と F がともに T と V の関数であることによる．すでに (B.10b) のところで注意したように，注目しているカノニカル系は，体積 V の空間領域にとじ込められているので，その量子力学的なエネルギー固有値 $\{E_j\}$ は，V を一つのパラメーターとして決定されているのである．

B-4．状態密度と状態和

[B-4-1]　状態密度の定式化

一般に，量子力学的な体系については，その構成要素（たとえば電子）の運動を，一般化座標および一般化運動量によって記述することができない．なぜならば，たとえば電子の位置座標 x およびそれに共役な運動量 p_x を同時に知ろうとすると，それぞれ Δx および Δp_x という不確定さが生じ，それらが

$$\Delta x \times \Delta p_x \geq h/4\pi \tag{B.13}$$

という**不確定性関係**に従わざるを得ないからである．ここに h は**プランク定数**である．このような理由により，ある量子力学的な結果とそれに対応する古典力学的な結果とは，$h \to 0$ の極限において初めて一致するのである．

量子力学と古典力学とのこのような対応関係は，[B-3-2] 分節で導入された状態密度を定式化する場合にも見られる．いま，その説明のために，一つの古典力学的体系に注目して，その一般化座標，一般化運動量およびハミルトニアンを，それぞれ $(q_1, \cdots, q_f) \equiv \boldsymbol{q}$, $(p_1, \cdots, p_f) \equiv \boldsymbol{p}$ および $H(\boldsymbol{q}, \boldsymbol{p})$ と表わし，その状態を $2f$ 次元空間 $(\boldsymbol{q}, \boldsymbol{p})$（これを**位相空間**という）の1点で示すことにする．また，この体系を量子力学的にとり扱って，エネルギーが E 以下の量子状

態の個数 $J(E)$ を計算してみる．そうすると，この個数は $h \to 0$ の極限において，1枚の超曲面 $H(\boldsymbol{q}, \boldsymbol{p}) = E$ (これを**エルゴード面**という) で囲まれた領域の体積を h^f で割ったものに等しくなるのである：

$$J(E) \simeq (1/h)^f \int_{H \leq E} d^f \boldsymbol{q}\, d^f \boldsymbol{p}, \quad d^f \boldsymbol{q}\, d^f \boldsymbol{p} \equiv dq_1 \cdots dq_f\, dp_1 \cdots dp_f. \quad (B.14)$$

そこでさらに，上記の位相空間内にエネルギーがそれぞれ E および $E + \Delta E$ であるような2枚の超曲面をとって，それらの間に挟まれた殻状の微小領域に注目してみると，その中で行なわれる古典力学的な運動は，エネルギーが区間 $(E, E + \Delta E)$ 内にある量子力学的な運動状態に近似的に対応しており，その量子状態の個数は，(B.14) から近似的に

$$J(E + \Delta E) - J(E) \simeq (1/h)^f \int_{E \leq H \leq E + \Delta E} d^f \boldsymbol{q}\, d^f \boldsymbol{p} \equiv \Omega(E) \Delta E \quad (B.15a)$$

と求められる．ここに $\Omega(E)$ は状態密度である．つまり，$h \to 0$ の極限では，位相空間の体積要素 $d^f \boldsymbol{q}\, d^f \boldsymbol{p}$ の中に

$$d^f \boldsymbol{q}\, d^f \boldsymbol{p} / h^f \equiv dN_\omega \quad (B.15b)$$

個の量子状態が含まれている，と結論されるのである．

[B-4-2] 古典的な状態和

さて，量子力学的な状態和 (B.10b) から古典的な状態和を導くためには，E_j に等しいエネルギー固有値をもつ量子状態が Ω_j 個あるとして，まず (B.10b) 自身を一般的に

$$Z = \sum_j \Omega_j \exp(-E_j / kT) \quad (B.16)$$

と書き改めなければならない．次に，(B.15b) に基づいて

$$E_j \to H(\boldsymbol{q}, \boldsymbol{p}) = E, \quad \Omega_j \to d^f \boldsymbol{q}\, d^f \boldsymbol{p} / h^f, \quad \sum_j \to \int \quad (B.17a)$$

という置き換えを行ない，かつ (B.15a) の状態密度を用いて，(B.16) を

$$Z = (1/h)^f \int \exp[-H(\boldsymbol{q}, \boldsymbol{p})/kT]\, d^f \boldsymbol{q}\, d^f \boldsymbol{p}$$

$$= \int \exp(-E/kT) \Omega(E)\, dE \quad (B.17b)$$

と書き直せばよい．言うまでもなく，これは相対的確率密度 $\exp(-E/kT)\Omega(E)$ を E について積分したものであり，(B.9b) のカノニカル分布とコンシステント

B-4. 状態密度と状態和

である ((B.16) も相対的確率 $\{\exp(-E_j/kT)\}$ の和であることに注意せよ). つまり, (B.17b) は自由度 f (これは q 座標の成分の個数を意味する) の古典力学的体系に対する状態和である.

なお, ハミルトニアン $H(\boldsymbol{q},\boldsymbol{p})$ が

$$H(\boldsymbol{q},\boldsymbol{p}) = K(\boldsymbol{p}) + U(\boldsymbol{q}) \tag{B.18a}$$

と書かれるときには, q 座標の積分領域を V として, (B.17b) を

$$Z(T,V) = Z_K(T)Z_U(T,V) \ ;$$

$$Z_K(T) = (1/h)^f \int \exp[-K(\boldsymbol{p})/kT] \, d^f\boldsymbol{p},$$

$$Z_U(T,V) = \left(1/\prod_j N_j!\right) \int_V \exp[-U(\boldsymbol{q})/kT] \, d^f\boldsymbol{q} \tag{B.18b}$$

と表わすことができる. ただし, $Z_U(T,V)$ については, j という種類の構成要素が N_j 個ある, と想定されている. つまり, $1/\prod_j N_j!$ という因子は, 同種類の構成要素の交換によって生ずる状態がすべて同一であることを, q 座標に関する積分について考慮したものである.

[B-4-3] 状態和の一例

最後に, 非対称な亜鈴型回転子について, その量子的および古典的な状態和を具体的に考えてみよう. まず, 質量の異なる二つの質点が質量のない棒でつながれているものとし, それらの質量中心を原点とする極座標 (θ,ϕ) によって, この棒の方向を表わすことにすると, この回転子のハミルトニアンは

$$K(\boldsymbol{p}) = (1/2I)(p_\theta^2 + p_\phi^2/\sin^2\theta) \tag{B.19a}$$

と得られる. ここに I は, 原点を通りかつ棒に垂直な方向に関する (つまりその方向の周りの回転に対する), 慣性能率である; p_θ および p_ϕ は, それぞれ, θ および ϕ に共役な運動量である.

量子力学によると, この $K(\boldsymbol{p})$ のエネルギー固有値は,

$$E_j = j(j+1)h^2/(8\pi^2 I) \quad (j = 0,1,2,\cdots) \tag{B.19b}$$

で与えられる. ただし, 量子数 j のエネルギー固有状態は, $(2j+1)$ 重に縮退しているので, 量子的な状態和 (B.16) は,

$$Z = \sum_j (2j+1)\exp[-j(j+1)h^2/(8\pi^2 IkT)] \tag{B.20a}$$

と表わされる．しかし，この状態和を厳密に計算することはできないので，$h^2 \ll 8\pi^2 IkT$ と仮定して，j に関する和を積分でおき換えてみると，

$$Z \simeq \int_0^\infty (2x+1)\exp[-(h^2/8\pi^2 IkT)x(x+1)]dx = 8\pi^2 IkT/h^2 \quad (B.20b)$$

という結果が得られる．

一方，古典的な状態和 (B.17b) は，

$$Z = \int_0^{2\pi} d\phi \int_0^{\pi} d\theta \int_{-\infty}^{\infty} dp_\theta \int_{-\infty}^{\infty} dp_\phi$$
$$\times \exp[-(p_\theta^2 + p_\phi^2/\sin^2\theta)/(2IkT)] = 8\pi^2 IkT/h^2 \quad (B.21)$$

と計算され，(B.20b) の結果と一致する．つまり，この古典的な状態和は，$h^2 \ll 8\pi^2 IkT$ の場合にのみ，正しいものである．なお，(B.11) に基づいてこの場合の内部エネルギーを計算してみると，$E = kT$ と得られるので，Z と E との間には $Z = (8\pi^2 I/h^2)E$ すなわち $\Delta Z = (8\pi^2 I/h^2)\Delta E$ という関係が成り立つ．また，(B.19b) によると，$\Delta E \simeq (h^2/8\pi^2 I)(2j+1)$ とみなせるので，結局 $\Delta Z \simeq (2j+1)h^2$ であることがわかる．つまり，$(2j+1)$ は量子数 j の状態の縮退度であるから，この ΔZ は h^2 が一つの量子状態に対応していることを示しているのである．

あとがき

　私(鈴木)がシュレーディンガーの名著『**生命とは何か**』を初めて読んだのは，1963年のことである．当時，私は「ポリペプチドにおける電荷移動の理論」を完成させるために，国内留学の制度を利用して，名大理・有山研究室から東大理・小谷研究室へ出張していたが，ある日，阪大理・永宮研究室の大先輩である右衛門佐重雄先生のお供をして，岡 小天先生のご自宅を訪問したことがあった．そのとき，岡先生がこの小冊子の意義や翻訳にまつわるエピソードについて，教訓的なお話をいろいろとして下さったのである．その後，早稲田大学理工学部に移ってから，生物物理学会などで杉田元宣先生にしばしばお目にかかり，シュレーディンガーの「負エントロピー」やブリルアンの「ネゲントロピー」について，先生から有益なお話をいろいろと伺った．また，生体システム論に関する先生の論文別刷を，そのつどいくつか頂いた．しかし，1989年ころまで，私は「視物質発色団の光異性化に対する動力学的理論」の建設に主力を注いでいたので(例えば第4章の参考文献22)，シュレーディンガーの「時計仕掛け」仮説やブリルアンの「一般化されたカルノーの原理」などは，私の頭脳の片隅で眠っていたのである．

　私がこの「一般化されたカルノーの原理」を意識して，「視物質系におけるエントロピー発生」というタイトルの論文を，日本語で初めて発表したのは，1990年のことである(第4章の参考文献19)．そして，その翌年には，「生体内のエネルギー変換・情報伝達に関する物理学的諸問題」という論文をやはり日本語で書き，シュレーディンガーの「負エントロピー」が不等式(1.1)の逆説的な表現であること，しかもこの不等式の必要・十分条件が「不可逆サイクル系」(すなわち「時計仕掛け」機構)の存在であることを，指摘した(第5章の参考文献33)．また，1995年には，邦文の論文「体内時計から見た生体系のエントロピー法則」を書き，体内時計の分子機構について，この「時計仕掛け」仮説に基づいたモデルを提出した(第1章の参考文献7)．

　本書の構想は，以上に述べたような経緯で練られてきたものであるが，その成立ちについてもう一言つけ加えるならば，本書の「まえがき」の内容は，私

が約20年前に「**生物学は物理学を発展させるか**」というタイトルで書いた，岩波講座「現代物理学の基礎」第2版第9巻の月報（第10号，1978年11月）のものと，ほとんど同一である．ちなみに，この月報には，私のほかにも町田 茂および浜川圭弘の両先生が，奇しくもそれぞれ「観測問題の周辺」および「アモルファスシリコン太陽電池」について，私の小論文と同程度の長さ（約3400字）の解説を寄稿されている．

　私が「絶対的不可逆性」という言葉をおおやけの場で初めて用いたのは，この月報中の小論文を書いたときである．またその際，その第三句（起承転結の転の部分）に相当するところで，「生物は，その絶対的不可逆過程の推移を，いかなる計時機構で判断しているのであろうか」という論点（すなわち，当世ふうの表現では，バイオロジカル・タイミング機構の観点）から，体内時計に対する諸問題を概観し，光刺激の受容から膜系の興奮に至るまでの光信号受容初期過程について，その生物物理学的な諸研究課題を提起した．その後，情報生物学シリーズの第一巻「**情報生物学入門**」（培風館，1986年）がこの問題提起にそって書かれたが，残念ながらそのときにも，シュレーディンガーの「時計仕掛け」仮説と「体内時計」や生体系の「絶対的不可逆性」との関連性については，何ひとつ述べることができなかった．

　最後に，本書の「まえがき」を要約したものが，生物物理・38巻2号（1998年）の「巻頭言」として，「**既存の物理学には生命を語る言葉が欠けている**」というタイトルですでに掲載されていること，またそれぞれ本書の第6章および第7章で述べた体内時計のモデルおよびエントロピー伝達の理論が，まだ英文で発表されておらず，従来どおりに邦文の刊行が先行してしまったことを付記して，本書を終えることにしたい．

鈴木英雄

索　引

ア　行

アインシュタイン (Einsteins)　43
位相空間 (phase space)　159
一般化されたカルノーの原理 (generalized Carnot's principle)　18,49,52
ウィーナー (Wiener)　31
ウィーンの変位則 (Wien's displacement law)　60
永久機関 (perpetual mobile)　138
エクセルギー (exergy)　84,86,88,94
エネルギー特性関数 (characteristic function of energy)　146
エネルギー保存の法則 (law of conservation of energy)　130
エネルギー量子 (energy quantum)　39
エルゴード性 (ergodic property)　22
エルゴード面 (ergodic surface)　160
エルゴン (ergon)　85
エンタルピー (enthalpy)　147
エントロピー (entropy)　143,154
　──環流密度 (density of entropy circulation)　120
　──増大の法則 (principle of increase of ──)　3,149
　──単離不可能の法則 (principle of impossibility of entropy separation)　115
　──伝達 (── transfer)　50,89,90
　──発生 (── generation)　16,52,55
　──湧出密度 (density of entropy gush)　118
　──量子 (── quantum)　111
　──混合の──　153
　──状態量としての──　154
　──伝達量としての──　115,116
　──理想気体の──　145
エントロピーベクトル (entropy vector)　117
　──の回転 (rotation of ──)　119
　──の発散 (divergence of ──)　117
オットー・サイクル (Otto's cycle)　76
オンサーガーの相反定理 (Onsager reciprocity theorem)　114
温度 (temperature)　127,137

カ　行

概日時計 (circadian clock)　100-105
　──ペースメーカー (circadian pacemaker)　100,101
　──リズム (circadian rhythm)　98-110
開放系 (open system)　79,81,83
化学ポテンシャル (chemical potential)　79
可逆サイクル (reversible cycle)　73,

165

76,86,89
可逆性 (reversibility)　3
可逆熱機関 (reversible heat engine)　78
カノニカル分布 (canonical distribution)　156,158
Ca^{2+} セットポイント (Ca^{2+} set point)　104
カルノー・サイクル (Carnot's cycle)　73,133
完全事象系 (complete event system)　22
気体温度計 (gas thermometer)　132
気体定数 (gas constant)　131
ギブズ・デュエムの関係式 (Gibbs-Duhem relation)　80
ギブズの自由エネルギー (Gibbs' free energy)　81,147
——の相律 (—— phase rule)　83
境界条件 (boundary condition)　121
局所平衡 (local equilibrium)　114
キルヒホッフの法則 (Kirchhoff's law)　38
空洞輻射 (cavity radiation)　38
クラウジウスの原理 (Clausius' principle)　139,149
クラウジウスの不等式 (Clausius' inequality)　73,78,142
ゲイ・リュサックの法則 (Gay-Lussac's law)　131
結合確率 (joint probability)　24
結合事象 (joint event)　24
光子 (photon)　39
光周性 (photoperiodism)　97
黒体輻射 (black-body radiation)　38

サ 行

サイクリックな状態変化 (cyclic change of state) → サイクル
サイクル　6,71,73,76,86-95
最初期遺伝子　101,102
最大仕事 (maximum work)　83,150
サイバネティックス (cybernetics)　32
作業物質 (working substance)　134
作業物体 (working body)　71
散逸関数 (dissipation function)　114
示強変数 (intensive variable)　79
自己情報量 (amount of self information)　27,29
自動制御理論 (theory of automatic control)　31
シラード (Szilard)
——の考え方　34
——の熱力学的理論　34
——の不等式　16,37
——のモデル　16
シャノン (Shannon)　20
——の基本不等式 (Shannon's basic inequality)　26
自由エネルギー (free energy)　81,147,159
自由度 (degree of freedom)　83
ジュールの法則 (Joule's law)　132,146
シュレーディンガー (Schrödinger)
——の提言　4
——不等式　6,73,93
準静的過程 (guasi-static process)　130
条件つき確率 (conditional probability)　25
条件つき情報量 (amount of conditional

索　引

probability)　26
状態変数 (variable of state)　128
状態方程式 (equation of state)　128, 131,146
状態密度 (state density)　157,160
状態量 (quantity of state)　130
状態和 (sum over states)　158-162
情報 (information)　13,50,52
　──エントロピー (── entropy)　21
　──伝達 (── transfer)　50, 89
　──量 (amount of ──)　13,20,22, 24,26
　──理論 (── theory)　30
示量変数 (extensive variable)　79
静水圧 (hydrostatic pressure)　128
生体情報力学 (bio-informodynamics)　9,33
生物発生原則 (biogenetic law)　3
絶対温度 (ahsobute temperature)　132
絶対的不可逆性 (absobute irreversibility)　3,33,123,125
潜熱 (latent heat)　148
相互情報量 (amount of mutual information)　27

タ　行

体内時計 (biological clock)　98
第一 (二) 種永久機関 (perpetual mobile of first (second) kind)　138
断熱的操作 (adiabatic operation)　129
断熱変化 (adiabatic change)　132

中位数 (medium number)　44
通信理論 (communication theory)　30
定圧サイクル (constant pressure cycle)　76
定圧自由エネルギー (free energy at constant pressure)　147
定圧熱容量 (heat capacity at constant pressure)　132
定積サイクル (constant volume cycle)　77
定積自由エネルギー (free energy at constant volume)　147
定積熱容量 (heat capacity at constant volume)　132
ディーゼル・サイクル (Diesel cycle)　76
等温サイクル (constant temperature cycle)　73,76
統計力学 (statistical mechanics)　32
時計遺伝子 (clock gene)　105-108
「時計仕掛け」仮説 (clockwork hypothesis)　6,69,93
閉じた系 (closed system)　79
トムソンの原理 (Thomson's principle)　139,149

ナ　行

内部エネルギー (internal energy)　128
ネゲントロピー (negentropy)　116
　→ 負エントロピー
熱 (heat)　129　→ 熱量
熱関数 (heat function)　147
熱機関 (heat engine)　69,71,78,133

──の効率 (efficiency of ──)　73,75,78,140
熱の仕事当量 (mechanical equivalence of heat)　130
熱輻射 (thermal radiation)　38
　──の理論　39
　──場のゆらぎ　42
熱平衡 (thermal equilibrium)　127
熱容量 (heat capacity)　132
熱力学 (thermodynamics)
　──第0法則 (zeroth law of ──)　127
　──第一法則 (first law of ──)　130
　──第二法則 (second law of ──)　139,145
　──第三法則 (third law of ──)　115
　──的温度 (thermodynamic temperature)　137
　──的温度目盛 (thermodynamic scale of temperature)　136
　──的確率 (── probability)　154
　──的重率 (── weight)　154
　──的状態変化の進行方向　149
熱量 (heat)　128,129
ネルンストの定理 (Nernst's theorem)　115

ハ 行

配合数 (number of complexions)　156
バイオロジカル・タイミング (biological timing)　8
ハートリー (Hartley)　30
微視的状態数 (number of microscopic states)　154
比体積 (specific volume)　128
比熱 (specific heat)　132
非平衡熱力学 (nonequilibrium thermodynamics)　113
非補償熱 (uncompensated heat)　114
表面エントロピー環流　122
表面エントロピー湧出　122
開いた系 (open system)　79
負エントロピー (negative entropy, negentropy)　6,15,47,48,50,52,93,115,116
不可逆過程 (irreversibe process)　139
　──の熱力学　114
不可逆サイクル　7,73,90,93
不可逆性 (irreversibility)　3,124,139
不確定性関係 (uncertainty relation)　159
プランク (Planck)　39,41,43
　──定数　39
　──のエネルギー量子　39
　──の熱輻射式　41
ブリルアン (Brillouin)
　──の考え方　43,49
　──の不等式　17
　──の量子統計力学的理論　43
分配関数 (partion function)　158
閉鎖系 (closed system)　79
ヘッケル (Haeckel)　3
ヘルムホルツ (Helmholtz)
　──の自由エネルギー　147,159
　──の定理　119
ポアッソンの関係式 (Poisson's relation)　132

索　引

ボイル–シャルルの法則 (Boyle-Charles' law)　131
ボイルの法則
　→ ボイル–シャルルの法則
ボルツマン (Boltzmann)　4
　——の原理　14, 155, 157

マ　行

マクスウェル (Maxwell)　15
　——の関係式 (—— relations)　147
　——のデモン (—— demon)　15, 34, 48
ミクロカノニカル分布 (microcanonical distribution)　156
無秩序度 (degree of disorder)　154
モル比熱 (molar heat)　132

ヤ　行

ゆらぎ (fluctuation)　42

ラ　行

ランダウ (Landau)　86
ラント (Rant)　86
ランバート・ベールの法則 (Lambert-Beer's law)　56
理想気体 (ideal gas)　131, 145
リフシッツ (Lifshitz)　86

著者略歴

鈴木　英雄
すず　き　ひで　お

1932年　札幌に生まれる
　　　　大阪大学大学院理学研究科博士課
　　　　程修了，理学博士
　　　　名古屋大学理学部助手，
　　　　早稲田大学理工学部講師・助教授
　　　　を経て
現　在　早稲田大学理工学部教授

主要著書

光信号受容の電子論（光生物学シリーズ，共立出版）
フォトバイオロジー（共著，講談社）
情報生物学（情報生物学シリーズ1，共著，培風館）
Biomolecules-Electronic Aspects
（共編著，Japan Scientific Societies Press and Elsevier）

伊藤　悦朗
い　とう　えつ　ろう

1962年　東京に生まれる
　　　　早稲田大学大学院理工学研究科
　　　　物理学及応用物理学専攻修了，
　　　　理学博士
　　　　早稲田大学人間総合研究センター
　　　　助手を経て
現　在　北海道大学大学院理学研究科
　　　　助教授

主要著書

行動生物学（図解生物科学講座4，共著，朝倉書店）

ⓒ　鈴木英雄・伊藤悦朗　2000

2000年 7月24日　初 版 発 行
2002年11月15日　初版第2刷発行

生体情報とエントロピー
　　生体情報伝達機構の論理の
　　解明をめざして

著　者　鈴　木　英　雄
　　　　伊　藤　悦　朗
発行者　山　本　　格

発行所　株式会社　培風館
　　　東京都千代田区九段南 4-3-12・郵便番号102-8260
　　　電話(03)3262-5256(代表)・振替 00140-7-44725

中央印刷・三水舎製本
PRINTED IN JAPAN

ISBN4-563-07759-3　　C3045